中国保护动植物丛书

杨雄里 主编

华惠伦
王义炯 编著

# 中国保护动物

## ANIMAL Protection in China

上海科学普及出版社

# 中国保护动植物丛书编辑委员会

主　编

杨雄里

编辑委员

华惠伦　王义炯　裘树平　秦祥堃

《中国保护动物 2》

编　著

华惠伦　王义炯

# 序

我国幅员辽阔,在960万平方千米的广袤土地上,多样且优越的自然气候与地形环境,为野生动植物的生息繁衍供图了良好的生存条件。据统计,我国的野生动物多达数十万种,如脊椎动物达7 300余种,其中大熊猫、华南虎、金丝猴、长江江豚、朱鹮、大鲵等许多珍贵、濒危野生动物为我国所特有。陆栖脊椎动物约1 900种,其中爬行类320余种,鸟类1 200余种,兽类450余种,约占世界陆栖脊椎动物种类的10%。此外,淡水鱼类近600种,海水鱼类1 500余种,其种类占世界鱼类的10%左右。中国也是野生植物种类最丰富的国家之一,仅高等植物就达3.6万余种,其中特有种高达1.5~1.8万种,占中国高等植物总数近50%,如银杉、珙桐、百山祖冷杉、华盖木等均为中国特有的珍稀濒危野生植物。野生动植物与人类均系地球生物圈的重要组成部分,而人类的行为对野生动植物的存在具有重要影响。20世纪以来,由于人口的剧增和工业的快速发展,人类向自然界索取的自然资源越来越多,导致森林面积急剧缩减,植被受到严重破坏,许多有重要科学价值的动植物纷纷绝迹;幸存的动植物种类,数量极为稀少,现状堪忧。这些情况为人类敲响了警钟,提醒我们必须时刻高度关注野生动植物与环境的保护。世界各国正在采取各种行动以共同应对日益严重的全球生物多样性危机。我国通过对生物多样性的保护、研究和管理,统筹推进人与自然的和谐共存和科学开发,并进一步探索"绿水青山就是金山银山"的发展之道。

当前,我们越来越深刻地认识到,保护野生动植物就是保护人类自己。我国政府对此高度重视。1988年11月,公布了由第七届全国人大常委会第四次会议审议通过的《中华人民共和国野生动物保护法》,使我国建立健全野生动物保护法律体系的工作向前跨出一大步。其后,该法案紧随野生动物保护形势的变化四次修订。1996年9月,《中华人民共和国野生植物保护条例》颁布,后于2017年修订;2006年4月,《中华人民共和国濒危野生动植物进出口管理条例》发布,其后两次修订,完善了对野生动植物资源的保护和合理利用。

2021年2月,新调整的《国家重点保护野生动物名录》公布,共列入野生动物980种和8类,其中国家一级保护野生动物234种和1类、国家二级保护野生动物746种和7类。同年8月，调整后的《国家重点保护野生植物名录》正式向社会发布，共列入国家重点保护野生植物455种和40类，包括国家一级保护野生植物54种和4类，国家二级保护野生植物401种和36类。

　　有效地保护野生动植物，全力拯救珍稀濒危物种，刻不容缓，它是一个国家、一个民族的科学文化素养的体现，具有广泛的群众性和社会性。这项工作还涉及建立健全的相关法律法规，以及行政管理、科学研究、宣传教育等方方面面，需要政府部门、群众团体、自然保护区、动植物园、相关博物馆、学校等多方通力协作，形成全方位的立体模式，才能奏效。我们还需要认识到，这项重大任务还受到全球气候改变、法律法规更新调整、网络技术发展及其广泛应用等影响。总之，面临着新时代、新环境，野生动植物保护既有机遇，又有挑战。

　　在新的形势下，为了进一步推广普及野生动植物知识，提高全社会对这一任务的认识水平和重视程度，由专业科普作家团队倾力打造的"中国保护动植物"丛书，依一定主题分条目真实记录我国重点保护野生动植物的生活环境、形态、习性与生存状况，力求做到全面、系统、深入浅出、通俗易懂。同时，每一种动植物都配有彩色高清图片，并在书末附上参考名录。本丛书汇集的知识丰富，文字生动，图片精美，设计大气，全景式展现了生物世界的博大和奇妙，可谓集专业性、科学性、原创性、趣味性、典藏性于一体。

　　衷心希望本丛书作为我国野生动植物保护的系统性工程成果，将成为有关部门与热心关注环境保护事业的人民群众之间的桥梁，增强人们的生态道德意识与科学认知，在民众积极参与之下，使我国野生动植物的保护工作登上更高的新台阶。

杨雄里

（复旦大学教授、中国科学院院士）

2022年10月

# 目 录

## 一　五彩斑斓的鸡类　　1

家鸡的祖先——原鸡　　2
驰名中外的马鸡　　5
华丽的长尾雉　　9
绚丽多彩的绿孔雀　　14
蓝鹇、黑鹇和白鹇　　17
貌似家鸡的血雉　　20
有"松鸡"之称的勺鸡　　22
生活在高山上的雪鸡　　24
丑陋的雉鹑　　27
四川山鹧鸪和海南山鹧鸪　　28
享誉世界的锦鸡　　30
头上长"角"的角雉　　34
光彩夺目的虹雉　　39
尾羽似七弦琴的黑琴鸡　　42
斑尾榛鸡和花尾榛鸡　　44
细嘴松鸡和镰翅鸡　　46
善于变色的雷鸟　　48

## 二　昼行性猛禽　　51

大型猛禽金雕和白肩雕　　52
珍稀大型海雕　　55
兀鹫　　58
令人生畏的秃鹫　　61

| | |
|---|---|
| 并不陌生的鸢 | 63 |
| 头上长冠羽的鹃隼 | 66 |
| 爱吃蜜蜂的猛禽 | 68 |
| 鹰属保护鸟类 | 69 |
| 鹰雕和林雕 | 72 |
| 雕属保护鸟类 | 74 |
| 短趾雕、蛇雕和渔雕 | 77 |
| 受保护的鸳鹰 | 80 |
| 鹰隼类猛禽 | 83 |
| 猛禽中的"渔夫"——鹗 | 86 |
| 中等体型猛禽 | 88 |
| 体型最小的猛禽 | 91 |
| 小型猛禽 | 93 |

## 三　夜行性猛禽　　　　　　　　101

| | |
|---|---|
| 仓鸮、草鸮和栗鸮 | 102 |
| 小型鸮类——角鸮 | 105 |
| 最大鸮类 | 108 |
| 嗜食鱼类的渔鸮 | 112 |
| 雪鸮和猛鸮 | 115 |
| 小型鸮类 | 117 |
| 鹰鸮和纵纹腹小鸮 | 120 |
| 中大型鸮类 | 122 |
| 长耳鸮和短耳鸮 | 125 |
| 令人恐惧的鬼鸮 | 127 |

## 四　擅长攀缘的鸟类　　　　　　129

| | |
|---|---|
| 口舌灵巧的鹦鹉 | 130 |
| 能灭虫的鸦鹃 | 137 |
| 嗜食昆虫的橙胸咬鹃 | 139 |

| | |
|---|---|
| 出色的"跳水运动员"翠鸟 | 140 |
| 觅食蜂类的蜂虎 | 142 |
| 森林卫士白腹黑啄木鸟 | 144 |
| 头戴"钢盔"的犀鸟 | 146 |

## 五 沙鸡和鸠鸽     151

| | |
|---|---|
| 中国独一无二的沙鸡 | 152 |
| 体羽鲜绿或黄绿色的绿鸠 | 154 |
| 绿皇鸠和山皇鸠 | 160 |
| 受保护的鹃鸠 | 163 |
| 黑颈果鸠和斑尾林鸽 | 165 |

## 六 歌声悦耳的鸣禽     167

| | |
|---|---|
| 阔嘴鸟 | 168 |
| 多姿多彩的八色鸫 | 170 |
| 飞行时食虫的雨燕 | 175 |

## 七 两栖动物和爬行动物     177

| | |
|---|---|
| 受保护的蛙类 | 178 |
| 最大的两栖动物 | 180 |
| 受保护的疣螈 | 182 |
| 携带"身份证"的棱皮龟 | 184 |
| 受保护的海龟 | 186 |
| 龟科动物 | 190 |
| 受保护的陆龟 | 193 |
| 头部有疣状突起的鼋 | 195 |
| 珍稀的山瑞鳖 | 197 |
| 扬子鳄的春天 | 199 |

| | |
|---|---|
| 动物世界的"蜘蛛侠" | 202 |
| 蜥蜴之王 | 204 |
| 我国特有的鳄蜥 | 206 |
| 我国最大的蛇——蟒 | 208 |

## 八　鱼类和头索动物　211

| | |
|---|---|
| 我国特有的近海底层鱼类 | 212 |
| 我国四大名鱼之一——松江鲈鱼 | 213 |
| 有"鳝王"之称的花鳗 | 215 |
| 受保护的鲤科鱼类 | 216 |
| 成鱼淡红色的胭脂鱼 | 219 |
| 别具一格的克氏海马 | 221 |
| 虎嘉哲罗鱼和细鳞鱼 | 223 |
| 珍贵的鲟 | 225 |
| 没有"脊梁骨"的文昌鱼 | 228 |

## 九　无脊椎动物　231

| | |
|---|---|
| 貌似植物的动物——红珊瑚 | 232 |
| 虎斑宝贝和冠螺 | 234 |
| 最大的珍珠贝——大珠母贝 | 236 |
| 库氏砗磲和佛耳丽蚌 | 238 |
| 原始的潜艇——鹦鹉螺 | 240 |
| 大型昆虫伟铗虯 | 242 |
| 珍稀蜻蜓 | 243 |
| 珍稀缺翅昆虫 | 244 |
| 珍贵的中华蛩蠊 | 246 |
| 拉步甲和硕步甲 | 247 |
| 稀有金龟 | 249 |
| 凤蝶和绢蝶 | 250 |

口索动物 254

**附录　国家重点保护野生动物名录** 256

# 一

# 五彩斑斓的鸡类

▲ 羞怯机警的原鸡

# 家鸡的祖先——原鸡

**原鸡**

（鸡形目 雉科）

原鸡（拉丁学名：*Gallus gallus*） 家鸡的远祖。体羽多数黑色，均带各种金属光泽，尾羽颇长。雌鸟形小、尾短。栖息山区密林中，食种子、谷物和嫩芽，兼吃昆虫幼虫及蠕虫。雄鸟鸣声好似"茶花两朵"音，故在中国云南，原鸡俗称"茶花鸡"。为国家二级保护野生动物。

全世界共有4种原鸡：黑尾原鸡产于斯里兰卡；灰纹原鸡产于印度西部和南部；绿领原鸡产于印度尼西亚的爪哇；红原鸡产地最广，从中南半岛到印度东部和北部，北至中国云南、广东、广西南部和海南岛，南抵印度尼西亚的苏门答腊岛。在这4种原鸡中，红原鸡才是家鸡的祖先。其理由是，红原鸡的形态与家鸡酷似，叫声也与家鸡相同，其他3种原鸡的羽色与家鸡相去甚远，而且叫声十分特殊，又难以人工饲养。

在许多动物学专著中，把红原鸡的主名叫原鸡，这或许是因为它分布广，又是家鸡祖先的缘故吧！此外，红原鸡还有"野鸡""茶花鸡"等别名。原鸡的个头较家鸡小，雄鸟体长约60厘米，尾长而下垂，特别是中央一对尾羽特别长，呈镰刀状，犹如两根闪闪发光的蓝黑色飘带。

原鸡对环境变化的适应能力，比其他雉类要强。在云南南部，它们栖息于热带雨林、季雨林、落叶季雨林、混交林、次生林、灌丛、草坡、竹林；在广西则生活于人造马尾松林、石灰岩山地常绿阔叶林及河谷阔叶林；在广东、海南岛，大多数原鸡栖居于海拔较低的山地丛林、橡胶园的防护林带和经济作物区边缘的灌丛之中。原鸡吃种子、谷物和嫩芽，兼食昆虫幼虫和蠕虫。除繁殖季节外，原鸡集群活动，大多6～8只，多则10～20只，鲜见成对或雌雄分别单独活动的。在多数情况下，每群仅有一只成年的雄鸡，其余为雌鸡和小鸡。

原鸡十分羞怯怕人，视觉和听觉都很灵敏，生性又非常机警，每逢人至或听到风吹草动，便惊起直飞，或迅速奔入灌丛、树林中逃遁。情况危急时，会振翅飞出几十米甚至上百米远，落地后再继续逃跑，其速度是人们眼力难以追踪的，因而在森林中观察它们是极为困难的。

2～5月是原鸡的繁殖期，它们常到森林深处营巢繁殖。在此期间，雄鸟经常发出"ee——ee"的鸣声，很像家养小公鸡的叫声，听起来仿佛是"茶花两朵"，因而云南当地老乡叫它"茶花鸡"。同时，在繁殖季节里，雄鸡格外好斗，雄鸡间经常打得头破血流。据说云南思茅、西双版纳一带的山民，利用雄鸡好斗的习性，驯养原鸡与家鸡交配后孵出的杂交后代作为囮子，捕捉原鸡。

过去，有些资料记载，我国的家鸡是由印度传入的，其实这是误解。鸡是我们的祖先自己驯化的。我国的考古工作者在距今约4 400年前属于龙山文化时期的三门峡庙底沟居民点遗址中,发掘到鸡的骨骼;在比龙山文化稍早的湖北京山县屈家岭遗址中,找到了陶鸡;而殷商时代的甲骨文中已出现"鸡"字,周朝的《诗经》中多处提到鸡,东周战国时期还设有"鸡人官"专司祭祀。这些史料证据都充分说明:在我国鸡的驯化,至少已有3 000年的历史,它的后代几乎遍布天涯海角。所以说,我国的鸡并非印度传入,而是我们祖先自己驯化的。再说,作为家鸡的祖先——原鸡,在古时候不但分布于我国南部,而且也广泛分布于黄河、长江流域,为先人提供了驯化的大量材料。

我国虽然已将原鸡列为国家二级保护野生动物,但在许多产地这种动物仍未得到切实的保护,人们照样捕捉狩猎。其原因是由于不少边远地区的管理部门缺乏人力、财力,当地人也不知道什么是保护动物。所以,我们应该一面加强管理,一面对当地人民进行宣传教育。

# 驰名中外的马鸡

**褐马鸡**

（鸡形目 雉科）

褐马鸡（拉丁学名：*Crossoptilon mantehuricum*）雉科中体形较大的一类鸟。分布于华北地区的山林。食性很杂，常啄食植物的块茎、细根、芽、嫩枝叶、种子，也吃昆虫、蚁卵、蠕虫等。为国家一级保护野生动物。

褐马鸡、藏马鸡和蓝马鸡都是我国特有的珍贵鸟类。由于它们的中央尾羽特别长，高高翘起，羽支披散下垂如马尾，所以称为马鸡。也有人说，它们腿短身长，昂头翘尾，活像一匹骏马，所以叫马鸡。

褐马鸡又叫"角鸡""黑雉""鹖鸡"，全身羽毛浓褐色，头和颈辉黑色，两颊无羽呈鲜红色，耳后有一簇白色羽毛，朝头后伸出，似角状，故称角鸡。其尾羽发达，长而蓬松，共有22枚。它这身打扮，似鸟类王国中的大家闺秀，显得温文尔雅，非常秀丽。

褐马鸡栖息于山地林区，白天多活动于灌草丛中，晚上则栖息在大树的枝杈上。它的食性很杂，常以强健的嘴巴啄食植物的块茎、细根、芽、嫩枝叶、种子等，也吃昆虫、蚁卵、蠕虫等。由于它翅膀较短，身体比较笨重，体重通常在2.5～3.0千克之间，加之尾羽又长，所以飞翔本领不高。它善于奔走，受惊时，常先向山上奔跑，至岭脊处才振翅起飞，滑翔到山谷间，或到对面的山坡上。遇到敌兽追击时，一般不扇翅飞逃，而是迅速钻入

▼ 秀丽珍稀的褐马鸡

极密的灌丛里。据动物园的猎捕人员说，在情况危急时，褐马鸡也会成群飞出1～3千米之外。

平时，褐马鸡常10～30只，多至40～50只成群活动。春季繁殖期间，它们分散活动。雄鸡间常因争夺雌鸡而发生格斗，同时叫声粗厉而嘹亮，远在2千米外也隐约可闻。鸣叫时昂首伸颈，尾羽高高翘起，与家公鸡相似，煞是好看。交配后褐马鸡成对地寻找地方营巢，巢筑于茂密树林下或灌丛间的地面低洼处，稍铺些干草枯枝，便在窝内产卵。孵化期26～28天，到6月中旬出雏。雏鸡出壳后不久，便会自己觅食，到处奔跑。2～3个月以后，幼鸡就羽毛丰满，能够上树过夜了。

褐马鸡尾羽美丽，勇猛好斗，谁知这几乎导致了它的灭亡。据古籍文献记载，褐马鸡曾分布较广，数量较多，自汉代以来由于人们杀害和活捕过甚，以致数量年年锐减。据报道，汉武帝刘彻在咸阳宫举行典礼时，文武百官三跪九叩之后，司仪宣布斗鸡活动开始。于是群臣围成一个大圈，霎时圈内两只褐马鸡，昂首鸣叫，不绝于耳。那美丽的长尾羽，此时成了威胁对方的丛丛刀剑。对峙一阵之后，它们就短兵相接，你啄我、我啄你，双方都弄得鲜血淋漓，精疲力竭。然而谁也不肯罢休，有时稍退一步，以守为攻，有时咄咄逼人，欲置对方于死地。其中一只被啄得羽损目瞎，但它仍不甘心，还是稳住自己，摆好架势，再行决斗。不料它一个趔趄，对方就势用其强劲的喙猛啄其头部，失败者就地倒下而死。之后，汉武帝就对群臣们说："武将应具褐马鸡直往赴斗，虽死不置之精神，才能安邦定国，抚慰百姓。朕今授之以鹖冠，以资鼓励。"满场武将遂纷纷戴上插有褐马鸡长尾羽的帽盔。由汉武帝时代算起，这种武将戴鹖冠的制度一直传到清朝末年，褐马鸡因此而数量大减！况且还有食用和大量出口褐马鸡，外国贵妇人用这种珍禽的尾羽装饰帽子，新中国成立前又无视动物资源的保护，于是褐马鸡的数量便越来越少了。

今天，野生的褐马鸡仅分布在我国山西宁武、岢岚一带及河北西北部小五台山区，它们的数量很少，已列为国家一级保护野生动物，被世界自然保护联盟列为易危物种。还有人提出，把珍稀的褐马鸡作为我国国鸟或中国鸟类学会会鸟。不过，褐马鸡容易饲养，也可繁殖，我国不少动物园都有繁殖记录。庞泉沟自然保护区管理所，曾于5月在保护区外找到19枚褐马鸡卵，用家鸡代孵，孵出雏鸡14只，共养活9只。

藏马鸡又叫"白马鸡""雪雉"，是三种马鸡中最大的一种。它全身大部分白色，但翅端灰褐色，尾羽由紫铜色逐渐变为暗绿和深蓝色，且闪烁金属光泽。尾羽比褐马鸡少2枚，共20枚，不像另外两种马鸡那样翘起并披散。其他

▲ 藏马鸡是马鸡中最大的一种

红脸、红脚、白色耳羽簇等，则与褐马鸡相同。

藏马鸡仅分布于我国西藏、青海、四川、云南海拔3 000～4 000米的山区，栖息在针阔混交林及灌丛中，喜欢在林间草地和林缘地带活动。性爱集群，三五只一起，秋季常30～80只成群活动。它们每天早晚觅食，以植物性食物为主，如嫩枝叶、花、果、种子、根等，也吃昆虫及其幼虫。这种鸡4月进行繁殖，筑巢于密林深处的倒木下面，用苔藓、枯草、羽毛等构成简陋的巢，每窝通常产卵6～8枚，由雌鸡趴伏。雏鸡多半在6月底至7月初出世，体重100多克，一个月后可增加到300多克。一岁性成熟时，体重约1 000克。

藏马鸡是国家二级保护野生动物，也是世界自然保护联盟评定的近危动物，与褐马鸡同属于第一类禁止贸易动物。它虽没有褐马鸡那么珍贵，可是也被公认为著名的珍稀动物。

在动物园中，藏马鸡是一种颇受人们喜爱的珍禽。据《国际动物园年刊》的不完全调查，1979年全世界共有312家动物园饲养展出165只藏马鸡，在这165只藏马鸡中，除了加拿大有一对，英国有一只雌的是野生藏马鸡外，其余全部都是动物园自行繁殖的，但中国可能例外。其实，国外的3只野生藏马鸡，都是从我国交换去的。

蓝马鸡又叫"马鸡""角鸡""松鸡"。它的体羽以迎光生辉的蓝灰色为主。头侧绯红色，尤为鲜艳夺目。耳羽簇白色，突出在颈项顶上似角状，灰蓝、红、白三色相映，十分漂亮。尾羽的数目共24枚，比褐马鸡多2枚，比藏马鸡多4枚，中央尾羽特长而翘起，羽支披散下垂如马尾，十分美丽。它的外侧尾羽基部白色闪光，向下飞翔时，尾羽时而披散，时而收拢，飞飞停停，美不胜收。

蓝马鸡分布于我国青海、甘肃、宁夏和四川，通常栖息于海拔2 500～3 500米高山地区的茂密的云杉林、橡树林或桧柏林中。秋后迁到有水的山谷间或开阔的灌丛草原。它们集群活动，冬季有时一群可达60～70只。早上和傍晚在树林或灌丛中觅食，兼吃植物性食物和动物性食物，常边吃边鸣，此起彼伏。午间隐匿在树下灌丛中，夜间集群在同一片树上夜宿，不易被人发现。这种鸟飞翔能力不强，平时不常飞，即使飞行也只飞短距离便立即落地，所以易遭天上的金雕和草原雕、地上的狐和狼、树上的香鼬等捕食。它的繁殖行为，与上述两种马鸡基本相似。

蓝马鸡也是动物园中的名贵观赏鸟类，已列为国家二级保护野生动物。宁夏回族自治区人民政府在1983年2月25日，决定将这种蓝马鸡定为宁夏回族自治区的"区鸟"，进行保护。

▲ 蓝马鸡体羽颜色特殊

# 华丽的长尾雉

**白冠长尾雉**

（鸡形目 雉科）

长尾雉属（拉丁学名：*Syrmaticus*） 中国有4种，分别为白颈长尾雉、黑颈长尾雉、黑长尾雉和白冠长尾雉，均为国家一级保护野生动物。其中白冠长尾雉尾羽特长，上体棕黄色，有红、白、黑、褐等色斑纹。雌鸟尾短，头和颈部白色。栖息山地，飞翔能力较强，以各种坚果、浆果和种子为食。分布于中国中部及北部山区，终年留居。

在鸟类分类学上，有一个长尾雉属，共有5种。其中除了日本特有的铜色长尾雉外，其他4种我国都产。虽然它们都被称为"长尾雉"，但是真正长尾的只是白冠长尾雉，其他4种的尾部还没有白腹锦鸡和红腹锦鸡长，所以白冠长尾雉又有"长尾雉"之称。

白冠长尾雉又叫"翟鸡""地鸡"。它的外貌似雉鸡，但尾巴特别长，一般在1米以上，长的可达1.5米，因而京剧舞台上也用此雉的最长尾羽，作为武生头盔上所插的冠饰，这显然要比褐马鸡的尾羽威武多了。雄鸟体长约170厘米，

▼ 白冠长尾雉有华丽的长尾巴

雌鸟约68厘米。它的整个羽色十分华丽：上体棕黄色，但每一羽毛有一黑褐色边缘，构成鱼鳞状花纹；而黑褐色的两翅上，却有白色点状斑纹，翅上的覆羽白色，覆在黑褐色的翅上特别明显；头白如雪，颈白似霜，但由前额到脑后有一条黑色羽带穿过，显得黑白分明；中央两对最长的银白色尾羽，上有黑色和栗色并列的横纹；胸部的羽毛白色，有黑色的同心斑和栗色的羽缘，腹部黑暗色。这样美丽的鸟，简直可以与传说中的凤凰相媲美了。

白冠长尾雉栖息于海拔500～2 000米山地的茂密阔叶林和针阔叶混交林中。所栖树林大都离庄稼地不远，因此它除了觅食野生植物和昆虫外，也啄食麦苗、豌豆、黄豆、油菜籽等农作物。它的飞翔能力较强，飞速为普通雉鸡的两倍，快速飞行时还具有骤然停止的本领。因为它具有能转动和扩张的长尾羽，使之在飞得很快时能立即加以控制，垂直向下急降。它能飞到远处寻找食物，也能很快地飞回。这种雉感觉灵敏，十分机警，很注意身旁的动物和人的活动，一有动静，在其他雉类尚未觉察时便能发现，并立即起飞。它跑得也很快，可从猎狗面前溜之大吉。这种鸟鸣声细而低沉，在发情时常发出"gugugu——gugugu——zizizizigu——"的叫声，在受惊时则发出"guiguiguigui——"，或者"huhuhuhujiajiajia——"的叫声。每年3～5月为繁殖季节。每只雄雉配1～3只雌雉。3月配偶，4月间营巢，巢很简陋，仅仅在草地上挖一个浅窝，略垫些枯草、干枝叶和羽毛等，甚至什么东西都没有。每年繁殖一次，如因意外事故被破坏时可产第二窝。

白冠长尾雉是我国的特产动物，分布于河北、山西、河南、陕西、湖北、湖南、四川、贵州、安徽等省。目前在河北和山西已近绝迹。这种珍禽在动物园中饲养的数量较多，早已成为动物园中受人喜爱的鸟类。我国已将其列为国家一级保护野生动物。

白颈长尾雉、黑长尾雉和黑颈长尾雉，是我国产的另外3种长尾雉。白颈长尾雉又叫"横纹背鸡"。因为它喜欢在地面活动，人们也常称它为"地鸡"。这种鸟个头较白冠长尾雉小，与雉鸡大小差不多。雄鸟头部呈橄榄褐色，因颈部灰白色而得名白颈长尾雉。这种长尾雉，尾长只不过半米左右，远不如白冠长尾雉和白腹锦鸡、红腹锦鸡。雄鸟具有十分鲜艳的色彩，全身金光闪闪，显得非常高雅和华丽，是一种名贵的观赏鸟类。

白颈长尾雉可以在不同类型的生境中活动。有专家做过一番研究，认为它的栖息地按照垂直分布带可分为三种不同类型：一是海拔300～500米的山地灌丛；二是海拔500～1 000米的阔叶林、针叶林和针阔混交林；三是海拔1 500米以上的高山林带。通常，冬季和早春在山地灌丛中活动；一到繁殖季

▲ 白颈长尾雉

节主要在阔叶林、针叶林和针阔混交林栖息；而秋季则多在高山林带活动。

白颈长尾雉生性怯懦而机警，感觉非常灵敏，能奔走，善飞行，加上不善鸣叫，又是在茂密的林下活动，时隐时现，因此难以被人发现。这种雉很少与其他雉类混群，它们集小群活动，常三四只为群，也有5~8只在一起活动的，一群很少超过10只。清晨和傍晚是它们的觅食高峰，主要以植物种子、豆荚、浆果和嫩叶为食，有时也到农田盗食农作物，还吃昆虫等。有趣的是，它们在进入农田之前，总是先到一个较固定的隐蔽地方对农田进行一番观察，然后由雌鸟先下到田里，此时雄鸟仍在观察动静，当它认为万无一失时才进入田中。在取食的过程中，雄鸟始终保持高度的警惕，不时地抬头观望。与此同时，还有一只鸟担任警戒，每隔一定时间轮换值勤，一遇敌情马上发出鸣叫警报，使全群及时潜逃。在觅食或其他活动时，一旦遇敌，它们先是急跑数步，再停下来观察敌情，然后悄悄地奔开或飞走，尽量不发出声响，以防被发现。如果情况十分危急，它们在飞逃的同时还发出尖叫声，向同伙通风报信。

白颈长尾雉分布于我国安徽、浙江、福建、江西、广东等地，由于产地人们把它当成雉鸡捕杀，加上其栖息地因开垦等被破坏，所以数量急剧下降，我国已列为国家一级保护野生动物。

黑长尾雉又叫"帝雉"，是一种十分美丽的鸟。它全身深蓝黑色，在阳光下羽毛闪闪发光，层次极富变化，脸面部裸露部分红色，尾黑白相间，不算太长。这种鸟雍容华贵，难怪有人称它为"帝雉"。

黑长尾雉栖息于海拔1 800~3 200米的山地原始阔叶林内。它生性谨慎，很少出声，还习惯于黎明或薄暮时在森林

黑长尾雉仅分布于台湾省 ▶

▲ 黑颈长尾雉生性机警,极难发现(Daderot供图)

边缘或草原之中的小径觅食。食物包括草莓、蕨类、竹笋等植物和昆虫。每年3～5月繁殖，在地面上筑起简陋的巢，以干树叶做成巢座，每窝产卵5～8枚。

黑长尾雉仅产于台湾省，是我国的特产动物。数量十分稀少。非洲肯尼亚的一个博物馆里，陈列着全世界濒危、绝种的野生动物图片，我国的黑长尾雉也在其中。在这张图片下面，有这样一段解说："这是一种产在中国台湾的特有珍禽，英国人曾在英国繁殖成功，并将其送回原产地，可惜由于当地政府部门的漠视和人们的无知，它们在台湾的命运已岌岌可危"。日本NHK电视台派人专程去我国台湾拍摄黑长尾雉在野外的镜头，他们煞费苦心、绞尽脑汁，到头来也是徒劳往返，无功而退。一般人要观赏黑长尾雉的尊容，只能跑到动物园和私人鸟园里。

近年来，这种濒临灭绝的台湾珍禽，正在被山下人开发的脚步一步步逼向死角，而山上的人们又无所不在地设下陷阱，将黑长尾雉作为他们佐餐的高级野味，蛋白质的补充品。更何况黑长尾雉那两条黑白相间的尾羽，正是一些人宠爱和崇拜的头饰品。近年来捕捉活雉偷偷运往日本，已成为一种获取暴利的手段。为此，我国已将它列为一级保护野生动物。

黑颈长尾雉又叫"地花鸡"，外貌像雉鸡但稍小，体长约96厘米。身体大多栗褐色，头部红棕色，喉与颈深黑色，上背和上胸铜蓝色，下背、腰部、尾上覆羽及下胸暗黑色，都缀有沙褐与棕白色细斑，两个肩部有宽的白色斑，翅膀暗褐也有白斑。尾较长呈灰色，有黑栗两色并列的横斑。

黑颈长尾雉栖息于海拔500～3 000米的针阔叶混交林以及疏林灌丛、草地和林缘地带。杂食性，常成对或成群游荡觅食，既吃橡实、浆果、种子、树根、野山药、嫩芽等植物性食物，又食昆虫、蠕虫、蜘蛛等动物性食物。这种鸟很少鸣叫，所以有人称它"哑巴鸡"。它生性机警，极难发现，常常还未被人觉察便已"扑通"一声疾飞入林。筑巢在地面上或岩石间隙中，每窝产卵5～6枚。

在我国，黑颈长尾雉分布于云南、广西等地。由于分布范围比较狭窄，数量稀少，是罕见种，已列为国家一级保护野生动物，被世界自然保护联盟列为濒危物种，应当严加保护。

▲ 绿孔雀的尾屏非常艳丽（Arddu 供图）

# 绚丽多彩的绿孔雀

**绿孔雀**

（鸡形目 雉科）

绿孔雀（拉丁学名：*Pavo muticus*） 雄鸟体羽为翠蓝绿色，头顶有一簇直立的冠羽，下背翠绿色而具紫铜色光泽。体后拖着长达1米以上的尾上覆羽，羽端具光泽绚丽的眼状斑，形成华丽的尾屏，极为醒目。雌鸟不及雄鸟艳丽，亦无尾屏。喜食种子、浆果等，也吃昆虫、蛙和蜥蜴等小动物。为国家一级保护野生动物。

孔雀是世界上有名的观赏鸟。全世界只有两种孔雀：一种叫蓝孔雀，原产于印度和斯里兰卡，后来被各国一些动物园引进供观赏；另一种叫绿孔雀，除产于东南亚一些地区外，也产于我国云南热带森林中。动物园中还有一种羽色全白的孔雀，人们叫它"白孔雀"，它是孔雀的变种。

绿孔雀又叫"孔雀""越鸟""南客"，云南泸水地区群众叫它"六公斤"。这种鸟的个头很大，雄鸟的体长连同尾屏约2.2米，甚至还有雄孔雀的头上长着美丽的羽冠，像一把张开的折扇。它的尾屏非常艳丽，每一根尾羽的顶端都有一个圆圆的斑纹，有点像一弯月牙，又有点像一只眼睛。如果你见过孔雀开屏，一定不会忘记那动人的情景：雄孔雀挺起胸脯，眼睛凝视着前方，展开的尾屏就像打开了一把色彩绚丽的大羽扇，竖起了一座五光十色的屏风，上面有许多宝蓝色的圆斑，好像无数只眼睛在闪光。

孔雀为什么开屏呢？这不是为了供人观赏，而是它们吸引和召唤情侣的绝妙方法。风和日丽的春夏之交，是雄孔雀争艳比美、寻找伴侣的时候。这时，一只只雄孔雀迎着灿烂的阳光，降落在山脚下开阔的草丛和溪流两旁，竖起美丽的尾羽。在阳光的照耀下，羽毛像盛开的鲜花，一朵比一朵美丽，一朵比一朵更鲜艳。雄孔雀紧紧地追随在雌孔雀身旁，那美丽的尾羽，宛如一把碧纱宫扇在微微颤动。

英国曼彻斯特大学和利物浦大学的科学家发现，孔雀开屏还有避开敌害的作用。孔雀的"集体婚礼"是在空旷地带举行的。倘若敌害闯来，它们是很容易被发现的。在这里，雄孔雀是在用鲜艳的色彩警告对方：我已经发现了你，并作好了充分的准备。孔雀尾羽上的无数圆斑，对敌害也有迷惑作用。就在敌人疑惑迷茫和举棋不定的时候，孔雀便乘机溜之大吉了。

绿孔雀喜欢栖息在海拔2 000米以下的开阔而有稀疏树木的草原，或长有灌丛、竹林、针叶阔叶树木的较空旷高原地带，尤其爱在沿河两岸及林间空地上活动。常一雄多雌成小群在晨昏觅食，喜吃黄泡、川梨等果实，也食草籽、种子、稻谷及幼苗，还吃昆虫、蛙和蜥蜴等小动物。这种鸟爱疾驰，不善飞行，鸣声嘹亮，但比较单调，并不怎么悦耳。雄鸟有争雌格斗行为，出世的幼鸟生长缓慢，第三年才长成成鸟那样的羽衣。

由于绿孔雀分布区狭窄，野生的数量稀少，已列为我国一级保护野生动物。对其栖息地进行保护，是做好绿孔雀保护工作的关键一环。

孔雀雉又叫"灰孔雀雉""金钱鸡"，个头较红腹锦鸡、雉鸡小。雄鸟体长约65厘米，身体大多为褐色，各羽上布满棕白色细点和横斑，头上有蓬松而延长的发状冠羽，在颈后边还披有翎领。尾羽在靠近末端处有成对的大型眼状斑，具金属反光。雌鸟个头较小，羽色暗淡，尾短且眼状斑不明显。

孔雀雉栖息于海拔1 500米的山林及竹林中，单独或成对活动，在地面觅食，几乎专吃昆虫和蠕虫，这种食性在雉类中是罕见的。晚间它在树上过夜。性机警，若受干扰，即行遁去，往往只闻其鸣声，而不见其鸟。鸣声短促，越鸣越响亮。

孔雀雉仅分布于我国云南省南部和海南岛，而且数量稀少，是珍稀的观赏鸟类之一，已列为国家一级保护野生动物。

▼ 孔雀雉羽毛上的眼状斑形态各异（Tony Hisgett供图）

# 蓝鹇、黑鹇和白鹇

**蓝鹇**

（鸡形目　雉科）

蓝鹇（拉丁学名：*Lophura swinhoii*）大型雉科鸟类。世界有名的观赏鸟。中国有3种鹇：蓝鹇、黑鹇和白鹇。蓝鹇多在晨昏外出活动。食物有草莓和植物幼芽、嫩叶、根和昆虫等。仅分布于中国台湾。为国家一级保护野生动物。同科的黑鹇和白鹇均为国家二级保护野生动物。

全世界鹇的种类很多，我国产的有蓝鹇、黑鹇和白鹇3种。

蓝鹇又叫"蓝腹鸡""山鸡"，外貌似马鸡，雄鸟体长为79～81厘米，雌鸟较小，约51厘米。这是一种美丽的观赏鸟。它的全身以黑色为主，闪耀着蓝色光辉。头顶有白色羽冠，尾部有白色中央尾羽。脸和腿、脚都是赤红色的，脸上还有红色耳垂。

蓝鹇栖息在海拔2 000米以下的阔叶林及混交林的底层腐殖质厚的缓坡地带，偶尔到次生林或人工林。性喜隐蔽，怕人，多在晨昏出来活动，并沿着开阔的森林或林缘小道觅食，食物有草莓和植物的幼芽、嫩叶、根及草中昆虫、蚯蚓等。性极机警，鸣声单调，为"ku——ku——ku——"低沉混浊的单音。3月开始繁殖，实行"一夫多妻"制，一只雄鸟配多只雌鸟。在地上掘一浅洼为巢，也有在树上筑巢的。每窝产卵5～8枚，通常由雌鸟孵卵，约25天可孵出雏鸟。

蓝鹇仅产于台湾，是我国特产珍禽，野生数量稀少，已列为国家一级保护野生动物，世界自然保护联盟已将它定为近危动物。早

▼ 蓝鹇

▲ 黑鹇胸部有独特的披针状羽毛

在一百多年前，蓝鹇已传到欧美各国，饲养较多。

黑鹇又叫"鸬雉"。它的头顶、后颈和颈侧都是紫黑色的，头上具有稍形直立的同色羽冠，上背部蓝黑色且具紫色光辉，下背、腰及尾上覆羽深蓝色，而且有宽阔的白色羽端，下体大都黑褐色，胸部羽毛为披针状。这种鸟栖息于海拔1 300～3 300米高的山地，也常见于低山及山谷间，多在箭竹丛及林间草丛中，成对或与幼鸟一起活动。它分布于西藏、云南等地区。由于分布区狭小，数量稀少，已列为国家二级保护野生动物。目前人们对它的生态了解很少,还需要进一步调查研究。

白鹇的别名特别多,有"银雉""银鸡""越禽""白鹇鸡""项鸡""寒鸡""野鸡""白雉""雉""闲客"等。与其他各种五彩缤纷的雉类相比,白鹇的色调清新,可谓别具一格。它的身上以白色为主调,所以有人称它为"银雉"。面部和足部鲜红色,羽冠和胸腹部藏蓝色,红、白和藏蓝三种色彩形成鲜明的对比。它的尾较长,中央尾羽近纯白色,外侧尾羽具黑色波纹,当在林中疾走时,从远处望去,仿佛披着白色长"斗篷",被风吹开露出藏蓝色的内衣。

白鹇栖息于山林中,一年中大部分时间活动于高山地带,很少下到低地。拂晓开始活动,觅食时边走边鸣,叫声粗厉。走路时小心翼翼,常左顾右盼,一遇敌情就立即逃走。这时它尾羽微扬,羽冠竖立,迎风吹散,很像"头巾"在风中飘扬。此鸟不善飞翔,遇障碍或迫不得已时才展翅飞起。午间多在林间休息,很爱清洁,常喜欢在灌丛较稀、光线充足的地上,用足爪抓趴沙土洗刷体羽,这叫做"沙浴"。随后它便倒卧地上暴晒太阳。除繁殖季节以外,白鹇都在树上栖宿过夜。令人奇怪的是,雌雄鸟分树而栖,雄鸟独宿一树,雌鸟则栖另一树,3~8只不等,雌雄鸟之间相距5~20米。

▼ "左顾右盼"的白鹇

3月下旬开始,白鹇散居成小群活动,4月初开始发情交配。一群中有两雄相遇,必有争斗现象,胜者则与这个群中雌鸟交配,一般一雄配2~3只雌鸟。它的巢很简陋,仅在灌丛间地面趴一个浅洼,内垫少量细草和树叶等。每窝产卵5~14枚。

在我国,白鹇产于浙江、安徽和南方各省,虽分布较广,但数量不多,已有人工饲养,被列为国家二级保护野生动物。

一 五彩斑斓的鸡类

▲ 血雉生活在高海拔林地区和灌木丛

# 貌似家鸡的血雉

**血雉**

（鸡形目 雉科）

血雉（拉丁学名：*Ithaginis cruentus*）体形似家鸡。雄鸟羽毛色彩斑斓。胸部和两胁羽毛呈鲜绿色；尾下覆羽绯红色，尾羽具绯色侧缘。栖息于高山寒冷地区，常在冷杉林、混交林及灌木间活动。食物绝大部分为绿色植物及种子，有时也兼吃甲虫、虫卵及软体动物等。为国家二级保护野生动物。

血雉的外形很像家鸡,所以又叫它"血鸡"。此外,它还有"太白鸡""松花鸡""簸鸡"等名称。不过,它的个头较家鸡小,一般体重不到1千克。雄鸟有绿色胸部和绯红色尾巴,雌鸟大都为暗褐色。它飞行的时候,羽冠和一些披散的体羽会随之在空中飞舞,煞是好看。额、眼先和尾羽上点染着绯红色,像织锦一样华美。

血雉栖息在海拔2 000米以上的高山灌丛间。夏季,它们在海拔4 500米左右的树林中生活。冬天,它们来到较低的山林,早晨往往顺着有阳光的山坡走向山顶,中午以后才逐渐向下漫游。秋天,血雉常集群活动。由于它们生活在高山树林中,敌害较少,因而不怕人。看到有人走近时,雄鸟常昂首侧视,而雌鸟却并不在意,继续低头漫步觅食,直到人逼近才奔逃。它们一般都不善于飞行,而靠逃窜来避开敌害。当枪声响时,它们便四散逃奔,大多飞快地向山下跑去,很快就隐匿在岩石下面。但过一会以后,幼鸟就会"ship,ship,ship"地作短啸声的呼唤,而成鸟的呼唤声则较粗厉些。除了这种呼唤声外,它们有时还发出一种似鸢的尖锐哨声,粗厉的"喔喔"声是它们的告警声。

血雉在林中或到林边开阔地上,似家鸡一样地啄食。主要吃植物的叶、芽和种子,也吃昆虫、蠕虫和软体动物。4～6月是它们的繁殖期,此时血雉成对生活,有时是一雌多雄或一雄多雌一起生活。一般在树洞中筑巢,巢内铺些枯枝、树叶,每窝产卵2～6枚,卵的大小和鸽卵相似。

在我国,血雉分布于西藏、四川、青海、甘肃的祁连山及陕西南部的秦岭等地。由于数量稀少,这种鸟已列为国家二级保护野生动物。

# 有"松鸡"之称的勺鸡

勺鸡

(鸡形目　雉科)

勺鸡(拉丁学名：*Pucrasia macrolopha*)　天亮下树前或天黑上树后会鸣叫。常成对活动于高山岩坡松林间，主食松子。几乎完全啄食植物性食物。为国家二级保护野生动物。

勺鸡与真正的松鸡是有区别的，人们之所以把勺鸡称为"松鸡"，是由于它们常栖于松林并啄食松叶的缘故。除了松鸡这一称呼，勺鸡又叫"刁鸡""角鸡""柳叶鸡""山麻鸡"等。它的冠羽是棕色的，枕部有黑色具亮绿边的长枕冠向后延伸，耳羽下有一个大白斑。雄鸟体长约5.5厘米，雌鸟的枕冠及尾羽较雄的短。

勺鸡多栖息在海拔700～4 000米高山岩坡松林灌丛中，很少飞出林外，到山坡耕地觅食。晴天晚上在山坡的大树上住宿，雨天则飞到山沟两旁的大树上过夜。它们夜宿的大树，主要是阔叶树，很少上松树，从不上杉树。雌雄鸟终年成对活动，罕见集群，但在冬季一个小范围的树林内，也可见到松散的群体，一棵树上最多7只。它们每天天亮下树前或天黑上树后会发出鸣叫声，可持续半个小时。天亮比天黑鸣叫次数多，晴天比阴雨天鸣叫时间长，鸣声如刚学叫的小公鸡，最后一音拖长。从树上下地后便不再鸣叫，因而不易被发现。当它们发现人后，随即走动，很少躲藏。在觅食时，通常雄鸟在雌鸟之前，它们几乎完全啄食植物性食物。

每年3～7月是勺鸡的繁殖期，发情的雄鸟在雌鸟身旁慢步兜圈子，边走边鸣，有时狂奔几步，接近雌鸟头侧，就把靠近雌鸟侧面的翅膀向下低垂，另一只翅膀则向上扩展，这样就显示出它的艳丽的背部，同时尾羽扭向一边且竖立起来，头部的冠羽也耸起，脖子膨胀。巢筑在灌丛间的地上，每窝产卵4～9枚，通常5～7枚。雏鸟出壳后，能独立活动。

在我国，勺鸡分布于西藏东南部、云南西部，往北至甘肃南部、陕西南部及辽宁西南部，往东至广东北部、浙江、福建等地。多年来，由于森林过度砍伐，面积大为缩小，而勺鸡对生境要求（高山、密林、人少等）又比较严格，因此其数量日益减少，已列为国家二级保护野生动物。

▼ 勺鸡喜欢啄食松叶

▲ 藏雪鸡的体色与环境浑然一体（Indra Rai 供图）

# 生活在高山上的雪鸡

**雪鸡**

（鸡形目　雉科）

雪鸡（拉丁学名：*Tetraogallus*）世界上分布最高的雉类，一般分布在 3 000 ~ 6 000 米，直至雪线以上，能终年留居山顶，平原少见。以植物的茎、根、叶、芽等为食，有时兼吃昆虫和小型无脊椎动物。中国分布有藏雪鸡、高山雪鸡等，均为国家二级保护野生动物。

我国分布的雪鸡有藏雪鸡、高山雪鸡等。由于它们的分布区比较狭窄，数量又不多，所以都已列为国家二级保护野生动物。

藏雪鸡又叫"淡腹雪鸡""雪鸡"。它的头、颈灰褐色，上体土棕色而有黑褐色斑点，下体白色，每翅有一大块明显的白斑。这种体色与栖息环境的颜色很相似，尤其在雪地上觅食时很难发现，是一种保护色。

藏雪鸡栖息于高山裸岩带，其高度可达海拔5 000米以上。它们喜欢在稀疏灌丛和高山草甸等处活动。有时和有蹄兽在一起，例如在羊群践踏处觅食。这种鸟集群活动，从不进入森林。虽然善飞，但一般不飞，遇敌时也常是摇摇摆摆地奔走逃避，不得已时才展翅起飞。它们警惕性较高，在休息时有老鸟站在高高的岩石上"放哨"，遇敌时就鸣叫报警，以便鸟群及时撤离。这种鸟有季节性迁移的习性，夏季上移至雪线，冬季则下降到平原和林间的北坡。主要以植物的球茎、块茎、根、草叶等为食，也吃昆虫和其他小型无脊椎动物。5～7月进行繁殖，巢由枯枝和杂草构成，筑在险峻陡峭山地岩石下的草丛或灌丛中，每窝产卵4～7枚。

在我国，藏雪鸡分布于西藏、甘肃、青海、四川、新疆等地。

高山雪鸡又叫"暗腹雪鸡"。它的身体大多为土棕或红棕色，并密布着黑褐色斑纹。腹部暗灰色，缀以红褐色粗纹。翅上有明显的白斑。栖息于裸岩和冲积碎石的高山草甸和灌丛草甸地带，最高可达海拔5 000米以上，平原很少见。它们早晚外出觅食，主要以植物为食，有时兼吃昆虫。午间或夜晚，隐入灌丛或岩石下面。它们也有季节性垂直迁移的习性，冬季下降到灌丛带以下至云杉林。经常在永久积雪的高山地带进行繁殖。筑巢于灌丛下岩石凹陷处，内铺以草叶和羽毛。每窝产卵8～16枚。

在我国，高山雪鸡分布于新疆、青海和甘肃等地。由于它个头较大，所以常被当地人当作狩猎对象进行捕杀，数量已明显下降，所以要进行保护。

▲ 高山雪鸡（Gozitano供图）

# 丑陋的雉鹑

**雉鹑**

（鸡形目 雉科）

雉鹑（拉丁学名：*Tetraophasis obscurus*）长得小，且其貌不扬。上体大都褐色，头顶与两侧深灰，头顶与枕羽中央有黑褐色纵纹。主食各种幼嫩植物的根、茎、叶、花、果等，偶然也食昆虫。中国特产。为国家一级保护野生动物。

雉类几乎都五彩缤纷，绚丽多姿，唯独雉鹑是个例外：它长得小而难看。它的体重不足1千克，雌雄鸟相似，全身都是黑褐色，翅膀上有白色或淡棕色的斑点。不过，你可千万别小看这种雉鹑，它是我国的特产珍禽，数量稀少，濒临灭绝，身价很高，已列为我国一级保护野生动物。

雉鹑主要栖息于海拔3 500～4 000米以上的松、杉等针叶林、杜鹃灌丛以及树线以上的多岩地带。它善于在地面上行走，却不善于飞行。黎明时，人们可以听到雉鹑的洪亮叫声。在大雾或雨雪即将来临时，它们也常高声鸣叫。当地人利用雉鹑的这一特性，用来预测小气候的变化。它的食物，以各种幼嫩植物的根、茎、叶、花、果等为主，偶尔也啄吃昆虫。它多在林间活动，入夜蹲立在低树枝上休息。每年5月中旬开始繁殖，一般每窝产卵3枚，也有产6或7枚的。由雌鸟孵卵，幼雏出壳几小时后就会随亲鸟离巢出走。

雉鹑仅分布于我国青海、甘肃、西藏东部、四川西部和云南西北部。由于这种鸟需要特定的栖息环境，因此繁殖能力极低，成熟期长，加上人为的破坏，目前数量极少，亟待加强保护。

▼ 雉鹑（石牌垌鸟园供图）

# 四川山鹧鸪和海南山鹧鸪

**四川山鹧鸪**

（鸡形目 雉科）

四川山鹧鸪（拉丁学名：*Arborophila rufipectus*）体型中等。头顶褐，眉纹白，胸部具宽阔的栗色环带及喉近白为本种特征。主要以蜗牛、蛞蝓、蜈蚣等为食，也吃植物的种子和果实。中国特产鸟类。为国家一级保护野生动物。同科的海南山鹧鸪又名"山赤姑"。羽色美丽。为国家一级保护野生动物。

四川山鹧鸪是我国的特产鸟类，国家一级保护野生动物，1932年在四川被发现，这才有了这一名称。它个头较小，体重不到0.5千克，但肌肉发达，体形好像磅秤的秤砣，所以当地人也叫它"砣砣鸡"。又因为它喜欢生活在竹林里，故又有"笋鸡"之称。它的额白色，头顶栗红色，后颈和颈侧赭橙色，都有黑色条纹。上胸灰色而缀以栗色斑纹。

四川山鹧鸪栖息于海拔1 300～1 800米的山地上，经常在栎树、油茶和栗子树等阔叶林下的浓密竹林和灌丛中活动。平时单独活动，只在繁殖期间成对生活，秋季时五六只结成小群活动。

白天常在地面觅食，夜间上竹枝或灌丛中休息。主要以蜗牛、蛞蝓、蜈蚣和昆虫为食，也吃植物的种子和果实。

▲ 海南山鹧鸪（John Gerrard Keulemans 供图）

▸ 四川山鹧鸪是我国特产鸟类

4~6月繁殖，巢筑在较隐蔽的树根部，仅在地下刨一个浅坑，稍垫些枯草，每窝产卵五六枚。

四川山鹧鸪仅分布于四川的屏山、峨边、马边和甘洛等地，而且数量逐年减少。其中一个重要原因是，它肌肉丰满，细嫩可口，当地人常捕杀后作为食品。对于这种珍禽，我们不仅要严格保护，还应开展人工驯养。

海南山鹧鸪又叫"山赤姑"。体形似鹧鸪，但稍小。体长24~26厘米，一般体重不到0.5千克。它的耳羽白色，额、头侧及颏喉连成一片黑色，上胸橙红色。这种鸟栖息于丘陵和山地一带，常3~5只成小群活动。生性机警，惊飞时分散潜逃，并发出急促叫声，上树后即静伏不动，较难发现。觅食时，它的行走速度很慢，抓扒落叶时会发出"沙沙"声响，容易暴露目标。它主要吃野生植物的果实和杂草种子等，也啄食蜗牛、蜈蚣和各种昆虫，有时还啄取砂粒。在繁殖季节，它们分散筑巢、产卵和育雏。雏鸟出壳后，随同亲鸟到处游荡觅食。

海南山鹧鸪仅分布于我国海南中部、南部的丘陵地带，也是我国的珍贵特有鸟种。它数量稀少，已列为我国一级保护野生动物。这一珍禽的数量之所以会减少，有两大原因：一是它肉细肥嫩，为上等野味，当地人认为它是野味之冠，因而大量捕食；二是人们砍伐树木和竹林，使它们的自然栖息地受到破坏。因而急需采取有力措施，加强保护。

▲ 绚丽华美的红腹锦鸡

# 享誉世界的锦鸡

**锦鸡**

(鸡形目 雉科)

锦鸡(拉丁学名:*Chrysolophus*) 有红腹锦鸡和白腹锦鸡之分,均为国家二级保护野生动物。其中红腹锦鸡亦称"金鸡",雄鸟色彩斑斓,浓妆绚丽。头部具金黄色丝状羽冠,散覆颈上。后颈围生金棕色扇状羽,形如披肩。周身羽色主要为上背浓绿,羽缘带黑。其余背羽和腰羽浓金黄色,至腰侧转呈深红。下体几纯深红。常单独或成对栖息多岩山地岩坡或矮树、竹林间。杂食性,既吃灌木的叶、种子、嫩芽和竹笋,又食昆虫、蜘蛛等小动物。

　　飘逸的丹顶鹤是美好和长寿的象征,雄鹰是勇敢和力量的象征,而红腹锦鸡和白腹锦鸡则分别是艳丽与清秀的象征。这2种锦鸡还是我国的特产动物,不过它们分布较广,数量较多,都被列为我国二级保护野生动物。

　　红腹锦鸡又叫"金鸡""锦鸡""山鸡""采鸡"等,体形较雉鸡小。雄鸟体长约100厘米。它色彩斑斓,浓妆绚丽,显出一种贵族的风采。此鸟头上有金黄色的羽冠,散披到后颈。脸、颏、喉和前颈都是锈红色。后颈围以橙褐色镶有黑色细边的扇状羽,宛如披肩,闪耀着光辉。上背除绿色外大都金黄色,下体深红色。尾长超过体长2倍以上,色黑而杂有桂黄色斑点。全身羽色互相衬托,确实光彩夺目,美丽绝伦。但是雌鸟却并不美,它的羽冠、披肩都不发达,尾羽较短,全身几乎都是棕褐色。

　　夏季,红腹锦鸡常单独或成对栖居于山间多岩而突出的台地和荒芜而峻峭的岩坡,出没于矮树丛和竹林间,夜间在距地面不及4米的松树低枝下栖宿。到了冬天,特别是下雪之后,山间缺少食物,它们就每天集群离开深山,到雪已融化的梯田找吃食,晚上又回到山上宿营的住处。上下山时,多顺着当地山民们砍柴所走的小沟或小路,奔跃而行。它们善奔驰,很少见到振翅起飞。奔走时,若遇有低岩脊或小片空旷地,便半展其翅,滑翔而过。

　　红腹锦鸡是一种杂食性鸟类,既吃灌木的叶、种子、嫩芽和竹笋,又食昆虫、蜘蛛等小动物。在捕食动物时,雄鸟常在岩石间徘徊,主动出击而获食;而雌鸟则大多蹲伏窥视等待时机,以突然袭击的方式获取食物。

　　春暖花开的时候,是红腹锦鸡的繁殖季节。此时,雄鸟一见雌鸟便奔上前去,先是绕着"对象"急驰,然后站在雌鸟的对面,展开橙褐色的披肩,显现出背上金黄色的羽毛,闪耀着深红色的胸羽,与此同时,靠近雌鸟的一翼徐徐低压,以此向对方炫耀雄姿美态。如果雌鸟一见钟情,双方就婚配成亲。

　　红腹锦鸡虽然是"一夫多妻",但在繁殖季节雄鸟之间却常常为争夺雌鸟而大战一场。它们的搏斗异常激烈,有时可以斗到羽毛脱落,头破血流。两只雄鸟虎视眈眈、充满杀气,面对面摆开了搏斗的架势,双方跃起身体,扬起强

淡雅而清秀的白腹锦鸡

有力的利爪，弄得尘土飞扬。这种搏斗，一般要持续数分钟，甚至十余分钟，有时竟可长达二十多分钟，直到一方完全认输为止。20世纪70年代，英国的一位摄影师受伦敦动物园的委托，专程来到我国产红腹锦鸡的山麓小丘中。为了拍摄这一精彩的搏斗场面，他足足花了好几个小时的时间。

红腹锦鸡是动物园中最受人宠爱的观赏动物之一。1952年，我国把红腹锦鸡等一批动物送到欧洲去进行交换，深受欢迎。多年来，国内外动物园不仅饲养了这种珍禽，而且还大量进行繁殖。驯养繁殖技术已经成熟。

这种珍禽，国外没有分布，仅产于我国青海、甘肃、陕西、四川、贵州、云南、湖北、湖南、广西等地。

白腹锦鸡又叫"铜鸡""银鸡""笋鸡""衾鸡""箐鸡""筒鸡""小凤凰鸡"，藏语叫"鸟林""垅宗""打敲"，傈僳语叫"庄七""尖冲"。它的个头与红腹锦鸡相仿，体长约120厘米。雄鸟头顶、背、胸等都是绿色，闪烁着金属的光辉。头上有发状羽形成羽冠，像"小辫"一样，散披在后颈。白色镶黑边的羽毛形成披肩，围着头和颈部。下背和腰部都为褐色，往下转朱红色，从远处观望十分显眼。这种鸟腹白如雪，拖着黑白相杂，光亮似锦的长尾，显得淡雅而清秀。它在高山灌丛和矮竹林间走起路来轻盈袅娜，十分惹人喜爱。雌鸟与红腹锦鸡一样，一点也不引人注目。

白腹锦鸡栖息在海拔1 500～4 000米的山地，比红腹锦鸡的栖息地要高一些。它平时不见于森林中，而常栖居于多岩的荒芜的山地，出没于多荆棘的灌丛和矮竹林间。它在栖处、叫声、食性及求爱等方面，与红腹锦鸡略为相似，但它们从不同在一个山上或一个谷间共处。

平时，白腹锦鸡单独或成对活动，有人曾见到一雄鸟与两雌鸟一起生活。秋冬之际，它们常20～30只结集成群，鸣声嘈杂而响亮，远处也可听见。夏季迁到高山有岩石的峭壁之地。它也善于奔驰，但较红腹锦鸡易于起飞。据传它嗜食竹笋，故有"笋鸡"之称。

白腹锦鸡在人烟稀少的地面营巢，巢很简陋，只是用爪扒一个浅土坑，铺点枯叶和羽毛。雌鸟产卵约需7～12天，一般每天产一枚卵，有时间隔一天。孵卵全由雌鸟担任，其恋巢性极强。在孵卵期内，雌鸟很少离巢取食。有人走近鸟巢，甚至距其头部只有50厘米处拍照时，雌鸟也不会离巢出走。只有当人触及其身旁的枝叶或几乎碰到其羽毛时，它才会突然窜出巢外。

白腹锦鸡与红腹锦鸡一样，也是世界著名的观赏鸟类。早在1828年就被引入欧洲，因羽色清秀，直至1873年，每对售价仍高达800美元。现在国内外都已饲养此鸟，并进行了繁殖。

# 头上长"角"的角雉

**角雉**

（鸡形目 雉科）

角雉（拉丁学名：*Tragopan*）体形较家鸡稍大。嘴粗而短，翅短而圆，雌雄异色。雄鸟羽色华丽，大都鲜红灿烂；雌鸟羽毛则大都为浓淡不同的褐色。雄鸟具冠羽，并于两眼上方各具一肉质角状突，故名。在中国，分布自喜马拉雅山脉至福建。其中黄腹角雉为中国特有种。国家一级保护野生动物。此外，我国还有灰腹角雉、黑头角雉、红胸角雉和红腹角雉。

分布于我国的角雉共有5种：黄腹角雉是我国的特产鸟类，被国际自然保护联盟列为易危动物，我国已列为一级保护野生动物，又属于《濒危野生动植物种国际贸易公约》中的第一类禁贸动物；灰腹角雉和黑头角雉也是我国一级保护野生动物，并与黄腹角雉一样，属于《濒危野生动植物种国际贸易公约》中的第一类禁贸动物；红胸角雉和红腹角雉分别是我国的一级和二级保护野生

▼ 仅在中国有分布的黄腹角雉

动物。人们之所以统称它们为"角雉",是因为这类鸟的雄鸟两眼上方,各有一个肉质的角状突的缘故。当地人也叫它们"角鸡"。有趣的是,这对角平时是看不见的,只有在繁殖季节才高高竖起,并颤抖不已。

黄腹角雉又叫"呆鸡""角鸡""寿鸡"等。体形与家鸡差不多,体重近2千克。雄鸟头上的羽冠前黑后红,身上羽毛大多为栗红色,上面点缀着许多黄色镶黑边的小卵圆斑,身体下部则是皮黄色。雌鸟头上黑色较多,上体棕褐色而带有黑白色矢状斑纹,下体也是皮黄色。

黄腹角雉栖息于海拔600~1 600米的亚热带针阔混交林内,行动笨拙,飞行能力较差。被人追赶时会奔走逃跑,一旦山穷水尽、无路可走,它就把头钻入灌丛、杂草丛中,而后半身却露在外面,因而当地群众叫它"呆鸡"。鸟群中雌多雄少,一只雄鸟常带领多只雌鸟,以家族为活动单位。有时和白鹇一起组成数十只混合群,但晚上一定分树夜宿。这种鸟主要以植物为食,但也吃白蚁、蚯蚓、毛虫等。

3月初,黄腹角雉开始分群进入繁殖期。此时,雄鸟的暗蓝色肉角会频频抖动,以引起雌鸟的注意;同时,它的喉部肉裾膨胀扩大,颜色变得特别鲜艳。求爱之前,雄鸟先以响亮的情歌作为前奏,在听到雌鸟的对歌之后,雄鸟便进而跳起"求爱舞":先是向前慢跑几步,接着双翅微微伸张,尾羽展开如扇;然后头颈上下及左右反复伸缩、摇摆,展开胸前的肉裾,一边抖动,一边鸣唱。在对方作出明确答复之前,雄鸟会重复上述表演,直到对方满意为止。

黄腹角雉的巢地不一,有的地区在树上,有的地区却在地面。每个巢窝产卵4~6枚,最多可达10枚。雌鸟的恋卵性极强,非到万分危急之时是不肯离开的。有人在上山的小路旁走过,见到一只雌鸟一动不动地正在孵卵。此人走了二十几步路后回头张望,这究竟是活鸟还是死鸟?他顺手捡了块小石子扔了过去,谁知它依然纹丝不动。他又拿了一根长竹竿去挑它,这只鸟这才"扑"地一声飞走了。又有人在雌鸟孵卵的第五十六天逐渐接近巢址,最终爬到树上,站在巢旁摄影和录音,甚至用手拉雌鸟的翅膀。结果它并不逃离,而是紧紧护住腹下的卵,并且发出似猫叫的恐吓声,愤怒地啄击人手和录音机。

黄腹角雉仅分布于我国的浙江、江西、福建、广东、广西等地。但由于数量十分稀少,大部分产区已多年不见。中国唯一的黄腹角雉保护地为浙江省乌岩岭国家级自然保护区。即便在国内动物园,这一珍禽也是非常稀有的动物,更不用说国外了。据鸟类学家分析,野生黄腹角雉之所以数量稀少,有以下几个原因:

首先,以壳斗科植物为主的老阔叶林,是黄腹角雉的典型栖息地,目前这

▲ 灰腹角雉（Archibald Thorburn 供图）

类树林面积已急剧减少,大多已被人造杉林所代替,这是导致这种鸟成为濒危物种的主要因素。

其次,由于宣传保护措施不够,产地误捕现象仍相当严重。

第三,由于它们的繁殖力低、性成熟迟、自然孵化和成活率低,这也是数量稀少的一个原因。

第四,窝卵数少,孵化率低,天敌危害严重,是影响这种鸟种群数量的显著因素。盗食鸟卵的天敌有松鸦、各种猛禽、鼬、豹猫、野猫和尖吻蝮等。

根据上述原因,结合现实情况,我们可以从以下三个方面去挽救这一濒危物种:一是切实加强宣传保护工作;二是在原产地放置人工巢箱;三是就地人工孵化放养。

灰腹角雉体型大小似家鸡,雄鸟体长53~68厘米。它头黑,颈红,脸裸出部呈金黄色,上体其余部分布满白色和栗赤色眼状斑点,腹部烟灰色。栖息于海拔2 000~3 000米的潮湿森林的茂密灌丛中。主要分布于我国西藏东南部达旺一带及云南的贡山,国外仅见于不丹东部和印度阿萨姆邦,因而也可以说是我国的特产种。目前数量稀少,加上产地偏僻,所以人们对此鸟的情况了解不多。

黑头角雉的个头与灰腹角雉差不多,雄鸟体长约70厘米。它头黑,颈红,脸裸出部辉红,通体大部分黑色而具杂斑,并布满白色眼状斑。栖息于海拔2 000~4 000米高山森林下的茂密灌丛中,或3 000~4 000米的松林和混交林中,有时直抵森林上缘的杜鹃灌丛或桦薮间。冬季则下降至1 400米处,单独或成小群活动。在我国,分布于西藏西南阳狮泉河流域山地,数量非常稀少。

▼ 红胸角雉(Shadow Ayush 供图)

红胸角雉的体形略大于家鸡,雄鸟长约70厘米。它的羽冠两侧有一黑纹,通体大都绯红色并布满白色眼状斑。栖息于海拔2 400~4 300米高度的山林、灌丛或陡峭山边。喜隐匿,善奔跑。晨昏时到开阔地方觅食,以植物的嫩芽、球茎、细根等为食。冬季降至海拔1 700～2 000米处活动。在树上营巢。在我国,分布于西藏南部春丕山谷及喜马拉雅山北坡,数量很少。

红腹角雉又叫"寿鸡""哇哇鸡""大红鸡""黄连鸡""星星鸡""红鸡""灰斑角雉"等,藏语叫"休虾"或"松虾",傈僳语叫"捏尼"。它个头较小,体长约60厘米。头部黑色,头上角状突近蓝色,上下体大都深栗红色,杂以灰色眼状斑,下体灰斑特大而明显。雌鸟则上体呈灰褐色。

红腹角雉栖息于海拔1 600～3 000米的铁杉、冷杉、赤桦等林中,多单独活动。夜间在乔木横枝上过夜,黎明时滑翔下地,善于奔走,只作短距离飞行。生性机警,一旦受惊,便马上钻入密林或灌丛中。冬季则七八只或十多只集群活动。雄鸟叫声"wa wa",似小孩啼哭,故叫"哇哇鸡"。主要以植物为食,也吃昆虫。4～6月繁殖,交配求爱时,雄鸟扩展炫耀其肉裙,其斑纹呈"寿"字状,因而当地人叫它"寿鸡"。据说,此鸟不筑巢,把卵产于杜鹃灌丛或竹林下的低凹地面。每窝产卵3～10枚。

据观察,雄鸟发情可分3个时期:1. 预备期——约60秒钟,雄鸟呈木僵型,频频点头,昂首阔步,有时啄几口水或啄几下食物后,即跳至1米高的石屋上,将喙伸入左右翅膀摩擦。蔚蓝色的角逐渐露出、延长、充气、勃起。它摇动色彩艳丽的绶带,绶带呈鲜蓝底色,衬着两条灿烂鲜红的斑块,非常好看。2. 高潮期——角耸起,随着抖动双翅半展开不断扑动,缓慢不断地向前上方弹跳,高峰时能跳起一米多高,达最高潮时全身僵直耸起,呆立不动数秒钟。这时如果雌鸟应招而来,即追至地下交配,反之则开始萎缩,从未见到雄鸟强求雌鸟交配。这一高潮过程为30～45秒钟。3. 萎缩期——雄鸟头一点一点地将绶带收入喉下,角消气放下收回,脚爪扒地几下,然后恢复常态。这个过程为15～30秒钟。整个发情过程约2分钟。

红腹角雉是分布较广、最为常见、数量最多的一种角雉。在我国,分布于西藏东南部,向东至云南西北部、四川、陕西、湖北、湖南等山地。

▼ 红腹角雉

▲ 棕尾虹雉（Dibyendu Ash 供图）

# 光彩夺目的虹雉

**虹雉**

（鸡形目　雉科）

虹雉（拉丁学名：*Lophophorus*）有3种：棕尾虹雉、白尾梢虹雉和绿尾虹雉，均为国家一级保护野生动物。雄鸟羽毛闪着金属辉光，故名虹雉。体结实，体形肥大，喙略长，上鸟喙略大并覆盖着下鸟喙，先端微向下曲，但不具钩，适于啄食植物种子；脸部裸露。尾较翅短，宽阔扁平。

▲ 白尾梢虹雉（George Edward Lodge 供图）

顾名思义，"虹雉"是由于它们身上的羽毛闪耀着彩虹般的金属光泽而得名的。鸟类学家认为，虹雉身上光彩夺目的色彩，在鸟类中是无与伦比的。我国产的虹雉有棕尾虹雉、白尾梢虹雉和绿尾虹雉3种，都已列为国家一级保护野生动物，并属于濒危种国际贸易公约中的第一类禁贸动物。其中，绿尾虹雉还被国际自然保护联盟列为易危动物。

棕尾虹雉个头较家鸡肥大，体长约70厘米。雄鸟的羽冠特别长，呈金属绿色，且具匙状羽端，上体大都呈金属铜绿、紫及绿蓝等色，下背白色，尾纯棕色，下体褐黑色。雌鸟头上也具羽冠，下背皮黄色而具黑斑，下体有粗纹。

棕尾虹雉栖息于海拔2 500～5 000米山坡上开阔的松林、阔叶林、混交林及杜鹃灌丛间。终年成对活动，从不集群。生性很隐蔽，能飞较长距离。常用它那强有力的嘴啄食块茎，并且在一个觅食点起码待上半个小时以上。受惊时，常跳起来呼叫，同时倾斜其翅膀。在我国，这种虹雉仅分布于西藏南部和东南部，且数量稀少。它是尼泊尔的国鸟。

白尾梢虹雉又叫"雪鹅"。雄鸟的羽冠短而弯曲，呈金属绿色，上体大都呈金属蓝色，下背部纯白色，尾棕色而具宽阔白端。雌鸟的头上没有羽冠，下背和腰白色并杂有褐斑，下体有细斑。

白尾梢虹雉栖息于海拔2 500～3 400米的杉树苔藓林、杜鹃林和竹林边缘，或栖息在3 600米高度的山顶草甸上，那里多岩石，地势陡险，崎岖不平。因叫声沙哑，似家鹅一样，当地人叫它"雪鹅"。也有人说雄鸟叫声像孔雀，雌鸟叫声似鹅。它在觅食时用嘴挖掘，没有见到用脚刨食。以野百合、蕨根、竹叶、草根和叶片等为食。繁殖期多单独活动，12月以后集群，最多见有

9只，不合大群。筑巢在岩石缝隙处，约4月产卵，每窝卵10～12枚。

在我国，白尾梢虹雉分布于西藏东南部丹巴江上游山脉，东达云南西北部高黎贡山和西部腾冲。国外仅分布于缅甸东北部和印度东北部。此鸟主要产在我国，也可以算是我国的特产鸟类。

绿尾虹雉又叫"贝母鸡"，因为它喜欢掘食山上贝母的球茎。它是虹雉中体形较大的一种。从外貌上看，它颇似没有冠羽和脱了尾上覆羽的孔雀，但比孔雀个头稍小。雄鸟冠羽紫转青铜色，且覆着颈项；上体略似棕尾虹雉，但白色部分较大；尾羽大部呈金属绿色。

绿尾虹雉栖息在海拔3 400～5 000米的多岩石灌丛、草甸带。冬季则下迁到海拔2 000～4 000米处。它们集小群活动，3～5只在一起，多时有8～9只。春、夏季节在岩石缝隙歇宿，冬季则在杜鹃或云杉树上过夜。生性机警，不善飞，稍有动静即昂首探查，遇敌时很快缩脖钻入灌丛或密林之中，偶尔也会展翅滑翔潜逃。夏季的鸣声婉转悦耳，多音节，不同于其他雉科鸟。大雾或阴雨天，几乎整天鸣叫，而在晴天则销声匿迹，这可能与猛禽天敌的活动规律有关。因为晴天各种猛禽常盘旋空中寻觅食物，而大雾或阴雨天猛禽活动较少，也不易看清地上猎物。绿尾虹雉在觅食时，用嘴挖土，索取细根、球茎等为食，也啄食植物的花、叶、嫩枝等。为了帮助消化吃下的食物，常吞食沙砾或火炭，所以又叫"火炭鸡"。3月底到6月初是繁殖季节，筑巢在海拔3 850～4 000米的阳坡陡峭岩石下或岩石缝隙间，巢很简陋，仅是地面一浅窝，每窝产卵3～8枚，最多达11枚。

绿尾虹雉是我国特产鸟类，仅分布于我国青海、甘肃、四川和云南，数量极少。有人曾在四川宝兴县和小金县交界处的夹金山进行了一番考察，结果发现那里平均每平方千米少于一对，最多者每平方千米有3～4对。分析其稀少的原因有四个：一是人们拣蛋、捣窝和恣意捕杀，这是主要的；二是各种猛禽的威胁；三是地面上小型食肉类、啮齿类吞食其卵、幼鸟甚至成鸟；四是牦牛与它争夺栖息地。看来，如不认真加以保护，这种珍禽将会灭绝。

▼ 绿尾虹雉数量极少（Snowyowls供图）

# 尾羽似七弦琴的黑琴鸡

**黑琴鸡**

（鸡形目 雉科）

黑琴鸡（拉丁学名：*Lyrurus tetrix*） 中型鸡类，走禽。体结实，喙短，呈圆锥形，适于啄食植物种子；翼短圆，不善飞；脚强健，具锐爪，善于行走和掘地寻食。雄鸟全身体羽黑色，头、颈、喉、下背具蓝绿色金属光泽。主食植物嫩枝、嫩芽、花和种子，也吃昆虫。为国家一级保护野生动物。

黑琴鸡又叫"黑鸡""黑雷鸡""黑野鸡""乌鸡"等。它中等体形，雄鸟体长54～61厘米，雌鸟体长44～51厘米，体重1.5～3.0千克。雄鸟全身几乎都是黑色，翅上有宽阔的白色横斑，尾羽外长中短，形似七弦琴，所以有"黑琴鸡"的美称。

通常，人们都认为，动物的体色与周围环境比较协调时，才具有保护作用。而生活在我国北方的雄性黑琴鸡，几乎全身黑色，与四周的茫茫白雪形成鲜明的对照。乍一看，这对于它们似乎是不利的，其实却是黑琴鸡独具一格的保护色。因为冬天，黑琴鸡基本上是林栖的，常在松林、白桦林中，它们的体色具有拟态作用。黑琴鸡晚上在雪窝里蛰伏，黑色是不易被发现的。白天在雪地里活动，也常被误认为是枯槁或烧焦的树桩。在田野里活动，会被认为是露出雪地的黑土块。这种保护色，可算是良好的"护身服"了。此外，雄性黑琴鸡的黑色羽毛，还是一种完美的"太阳能转换器"。因为黑色能有效地吸收太阳光热，提高身体表面的温度，在寒冷的北国增加御寒能力。雌性黑琴鸡的体色与雄性不同，是灰、褐、白几种颜色错落搭配，形成一种"分割型"的保护图案，好像阳光透过树叶在草地上撒下的、浓淡不一的影子。它们在孵卵期间要长期伏卧，这种保护色能迷惑猛禽和猛兽，起到更好的保护作用。

黑琴鸡是山地森林鸟类，大多栖居在开阔地附近的稀疏树林中。它沿直线飞行，速度很快，起飞时有响声，不过飞不远。冬季集群觅食游荡，有人曾见到过一百多只的游荡群。它们没有固定的游荡路线，但善于奔走，常长途跋涉数百千米，称得上鸟类中的"马拉松"健将！在严寒的冬天，它们夜晚和白天的大部分时间都钻入雪穴中躲避寒风，用脚和翼划开雪，并用雪堵住穴口。

每年3月底到4月上旬是黑琴鸡的发情期，它们开始互相追逐，先在树上，

▲ 黑琴鸡的通体黑色是"护身服"（Vnp供图）

后来转移到地面。鸟群的头领吹起了"进军号"，其他雄鸟纷纷响应，开始向"发情场地"集中，盛况空前。雄鸟们为了争雌，个个挺胸顿足，撩翅引颈，揭开了"鏖战"的序幕。几只雄鸟拼搏在一起，仿佛一团飞快旋转的绒毛球，直打得毛飞、羽散、面破。获胜者成了这个鸟群的当然首领，它以欢乐的"舞步"，向雌鸟们"求爱"。

"求爱"的仪式是这样的：雄鸟在前，雌鸟在后，边舞边鸣，跑成一圈，俗称"跑圈"。跑圈时，雄鸟口吐白沫，发出"gululu——gululu——gululu"的叫声。这时雌鸟发出"sha——sha——"之声，尾往下扣，尾尖拖地，挺胸前进，好像在跳"华尔兹"舞。颇为有趣的是，它还不时啄食着雄鸟吐出的白沫。"婚礼"就这样进行着。这种发情交配到5月份结束，以后它们各自分散，开始"生儿育女"。母鸟特别爱护下一代，几乎终日形影不离，从产卵孵化到幼雏"训练"，全都一手包办。当狐、鼬等小型食肉兽出现时，母鸟会很快挺身而出，将它们引向远离幼鸟的地方。

有人曾做过一番统计，在黑琴鸡全年的食物中，动物性食物占10%，植物性食物占90%。一般说来，主要食物是乔木和灌木的嫩枝、叶、芽、花序、果实和浆果等，昆虫、杂草种子和作物谷粒等是辅助食物。

黑琴鸡广泛地分布于欧亚大陆的北部，我国终年留居于新疆西部、天山及北部、内蒙古东北部、东北三省及河北北部等地。这种鸟在40～50年前数量很多，在大兴安岭铁路沿线随处可见。如今，有些地区已经绝迹，有些地方数量很少，所以已列为国家一级保护野生动物。

▲ 斑尾榛鸡又叫"羊角鸡"

# 斑尾榛鸡和花尾榛鸡

**斑尾榛鸡**

（鸡形目 雉科）

斑尾榛鸡（拉丁学名：*Bonasa sewerzowi*）为中国特有，只产于中国甘肃、青海、四川等地。主要以柳、榛的鳞芽、叶和云杉种子以及其他植物的花、花序、叶、嫩枝梢为食，亦捕食小毛虫、伪步行虫、金花虫等。数量稀少，处于濒危状态。为国家一级保护野生动物。同科的花尾榛鸡又名"松鸡"，为国家二级保护野生动物。

斑尾榛鸡又叫"羊角鸡"，体长约30厘米。它头顶有冠羽，上体具有相间排列的栗色和黑色横斑，外侧尾羽黑色并杂有若干白色狭形横斑，故得名"斑尾榛鸡"。

通常，斑尾榛鸡栖息在海拔3 000米以上的高山灌丛或针叶林中，也生活在云杉和赤杨林下。秋后常集群生活，尤其喜欢在杜鹃丛中活动。四川人把杜鹃林称为"羊角林"，因而斑尾榛鸡又叫"羊角鸡"。这种鸟以植物种子、草籽及小毛虫、伪步行虫、金花虫等为食。每年4~5月进行繁殖，每窝一般产卵5枚。

斑尾榛鸡仅产于我国甘肃、青海和四川西部，是我国的特产鸟类，因数量稀少，已列为国家一级保护野生动物，应严加保护。

花尾榛鸡又叫"飞龙""松鸡"，个头与斑鸠相似，雄鸟体长近40厘米。它的身体棕灰色，杂有暗色横斑。外侧尾羽呈花斑状，故得名"花尾榛鸡"。雄鸟头上有短羽冠，很显著。

花尾榛鸡是一种典型的森林鸟类，大多栖居在林下植被繁茂的红松、冷杉、云杉等针叶林和柞、桦等阔叶林与混交林中。它们平时爱隐蔽在树杈间，有时人走近了，也不奔逃和飞走。一旦受惊，它们不是先急跑几步再起飞，便是直接惊飞。起飞和飞行时都有响声，常作低空直线飞翔，十分迅速，但距离较短。若有人接近，则复又起飞，故有"飞龙"之称。

花尾榛鸡鸣声复杂多变，特别在发情期中。在此期间，雄鸟大部分时间待在树上，或在高树顶上飞行，只是在交配或逐偶格斗时才到地面上来。而雌鸟大都在地上，只是在极少数情况下才飞上树。它的巢极为简陋，呈凹洼状，用枯枝落叶筑成，有的甚至不铺垫任何东西。每个巢窝产卵7~12枚，最多14枚。孵卵时，亲鸟从不轻易离巢。雏鸟出壳几天后，就能独立觅食，3周后即在树上过夜。这种鸟有沙浴习性，爱在沙中清刷羽毛。

在我国，花尾榛鸡分布于内蒙古、新疆、东北三省和河北等地。它肉味鲜美，长时间来是有名的狩猎禽之一。例如黑龙江省北部，过去每年可猎获3万只以上。目前这种鸟的数量已明显下降，因而我国已将它列为国家二级保护野生动物。

▲ 花尾榛鸡（Michael Haeckel 供图）

# 细嘴松鸡和镰翅鸡

**细嘴松鸡**

（鸡形目 雉科）

细嘴松鸡（拉丁学名：*Tetrao parvirostris*）走禽。体形似家鸡。雄鸟和雌鸟的嘴、脚和趾都是黑色。原始针叶林中最大的鸟。体结实,喙短,呈圆锥形,适于啄食植物种子；翼短圆,不善飞；脚强健,具锐爪,善于行走和掘地寻食。为国家一级保护野生动物。同科的镰翅鸡是典型的针叶林鸟类,为国家二级保护野生动物。

细嘴松鸡又叫"林鸡""黑嘴松鸡""嘟鸡"。体形似家鸡,雄鸟最大可达4千克,多数约3千克。雌鸟较小,2千克左右。它的头颈部有青紫色闪光。尾长大,外形呈楔状。这是典型的亚寒带针叶林鸟类,喜栖息于赤杨、柞树等树林内,主要以樟子松、红松、落叶松、桦树等的叶、幼芽为食,也吃植物的浆果,还啄食昆虫、蜘蛛等小动物。性很机警,听觉和视觉都比较敏锐,人们很难接近,向它走近时稍发出点声音,它马上停止觅食,四处观望。但这种鸟的飞翔能力不强。

▼ 细嘴松鸡十分机警（Русский Игорь Шпиленок 供图）

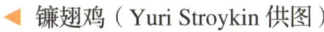

▲ 镰翅鸡（Yuri Stroykin 供图）

3月下旬，山地阳坡的积雪开始融化时，细嘴松鸡进入了发情期。它们常有固定的发情场所，当地猎民叫做"嘟鸡场"。嘟鸡场选择在茂密树林内比较开阔的地方，僻静的林间空地。发情时，雌雄鸟于黎明前后，从不同地方集中到发情场，少的十多只至数十只，多的则有百余只，起初落在树上，然后很快飞到地面上。雄鸟展开翅膀，在地面上不停地沿着一定路线循环跑动，这叫"跑圈"，同时发出响亮的叫声，很远的地方也能听到。在与雌鸟交配之前，雄鸟之间先要进行一场激烈的夺雌争斗，胜利者方能与雌鸟交配。交配后的雌鸟飞到隐蔽处营巢，巢在高大的树下倒木旁或灌木丛中。巢很简陋，仅是个浅坑，内铺些枝叶和苔藓等。每窝产卵6～12枚，孵卵工作全由雌鸟承担。

细嘴松鸡虽是原始针叶林中最大的一种鸟，但是天敌却很多。例如猛禽常捕食雏鸟，夜晚黄鼬、白鼬和紫貂在森林中也捕食这种松鸡。

中华人民共和国建立初期，细嘴松鸡广泛分布于我国大兴安岭、小兴安岭，在大兴安岭南端阿尔山，小兴安岭一带都有此鸟的足迹，冬季在河北兴隆县偶尔也能见到。而目前这些地区，根本见不到细嘴松鸡的踪影。今天，在大兴安岭主要分布在宾州铁路线以北地区，在小兴安岭则主要分布于黑龙江流域。由于分布区大大缩小，且数量稀少，已列为国家一级保护野生动物。

镰翅鸡的个头小于黑琴鸡，比榛鸡稍大。身上羽毛黑褐色，杂有灰色和沙黄色横斑，翅上飞羽呈镰刀状，尾羽上有宽阔的白色羽端。它是一种典型的针叶林鸟类，主要栖息在云杉、冷杉和落叶松林内，有时在田野、草地、林间空地相交替的山林森林中也可见到。以针叶树的嫩芽、花蕾、种子及各种浆果为食，在繁殖期捕食较多的昆虫。5月开始发情，发情姿势与松鸡科其他种类相似。巢筑在树根近旁的地面上，隐蔽在灌丛或杂草之间，雄鸟不参加孵卵和育雏工作。在我国，镰翅鸡分布于黑龙江下游及小兴安岭一带，数量极少，已多年不见，分布数量不清楚，已列为国家二级保护野生动物。

▲ 柳雷鸟（Peter Wilton 供图）

# 善于变色的雷鸟

**雷鸟**

（鸡形目 雉科）

雷鸟（拉丁学名：*Lagopus*）会飞。善于奔走，飞行迅速，亦能在雪地上疾驰，但不能远飞，类似山鹑。产于寒冷地区。羽色因季节而异，而与环境一致：冬季羽毛白色，与雪地相一致；春夏则为有横斑的灰或褐色，以配合冻原地区的植被颜色，这是雷鸟最典型的特点。产在中国的有柳雷鸟和岩雷鸟，均为国家二级保护野生动物。

全世界共有4种雷鸟,产在我国的有柳雷鸟与岩雷鸟2种,因数量稀少,都已列为国家二级保护野生动物。

柳雷鸟又叫"柳鸡""雷鸟",是一种典型的寒带鸟类。雄鸟体长约33厘米。它像个魔术师,能根据季节变化改变自己羽毛的颜色,可以说春、夏、秋、冬四季羽色都不相同。春天,当积雪刚开始融化时,大地露出了深褐色的泥土,这时柳雷鸟的羽色是栗棕黄色的。夏天,树木花草郁郁葱葱,柳雷鸟的羽色换成了栗褐色或带褐斑的淡黄色。秋天,地面上的植物逐渐枯萎,柳雷鸟的羽毛变成了棕黄肉桂色。冬天,大雪纷飞,大地成了银白色的世界,雌雄柳雷鸟又摇身一变,穿上了雪白的冬装。柳雷鸟的自卫能力很差,幸好它有奇妙的变色本领,这才不容易被敌害发现。

柳雷鸟栖息在幼桦林、混交林、块状松叶林的苔藓沼泽地,以及耕地附近的小块阔叶林和落叶松林中;冬季迁往河边柳丛、小片森林及农田附近的灌木丛中。常二三十只一起活动,能在疏松的雪层上奔走。它的腿和脚趾周围有很长的细毛,好像穿上"滑雪板"一样,可以增大爪与雪地的接触面积,奔跑起来爪不会陷进去。一到早春,它们分开成对生活。柳雷鸟在起飞时常常鸣叫,虽然飞行迅速,但距离不长,降落前常作弧形回转。

柳雷鸟几乎完全吃植物性食物,如桦、柳、山杨的嫩芽和嫩叶,野生植物的浆果等,有时也在农田中啄食谷粒,但很少发现吃昆虫。冬天也在雪下啄食,因为它的鼻孔外面披着又厚又密的羽毛,所以不会被雪堵住鼻孔。

4～5月是柳雷鸟的发情季节,它的发情姿势很像家鸡,尾翘起并展开,扇动双翅发出似家鸡的叫声,多在晨昏时鸣叫。雄鸟间常发生夺雌争斗。巢筑在地面,大多在草丛或灌木丛下面或中间。6～7月产卵,每窝7～12枚。雄鸟积极护巢,并与雌鸟一起抚育雏鸟,以后共同栖居在一起。

柳雷鸟在国外分布很广,我国产于黑龙江大兴安岭等地。由于这种鸟肉味鲜美、绒羽价值高,过去是重要的狩猎禽,因猎杀过多,目前数量十分稀少,已多年未见，面临灭绝的险境。

　　岩雷鸟又叫"雪鸡"。此鸟体长约38厘米。它的羽色与柳雷鸟一样，也会随季节变化而变化。冬羽雪白，仅嘴角至眼后有一条黑色的眼纹，尾羽黑色；春羽、夏羽和秋羽似岩石表面的茶色，上有斑纹。此鸟栖息于高山针叶林、雪线以下的矮桦灌丛、小半灌木荒漠草原，亚高山草甸以及零散砾石的高山草甸，也可生活在海拔2 500米的高山草甸地区。夏季多3～5只一起活动，冬季时常结成大群，有时数量可达几百只。一受惊吓或遇上危险，它们就隐藏在雪窝中，仅露出头部。它的自卫能力很弱，主要靠羽色的变化来保护自身，得以生存。它们主要以植物（如桦树、柳树等）的芽、嫩枝为食，很少吃昆虫。和家鸡一样，有时也吞食小石子，用来研磨嗉囊里的植物纤维，帮助消化。

　　4～5月发情，雄鸟眼上的红色部分变大，把岩石或林中空地作为自己的求爱表演舞台，不是微微跃身飞舞，便是装模作样地行走，以此来引诱雌鸟进行交配。岩雷鸟在地面草丛中筑巢，每窝产卵5～12枚。

　　此鸟在我国仅分布于新疆阿尔泰山地区，数量也很稀少，应当进行保护。

▲ 岩雷鸟（Auckland War Memorial Museum 供图）

# 二

# 昼行性猛禽

▲ 凶猛的金雕

# 大型猛禽金雕和白肩雕

**金雕**

（鹰形目　鹰科）

金雕（拉丁学名：*Aquila chrysaetos*）　北半球上广为人知的大型猛禽。金雕以其突出的外观和敏捷有力的飞行而著名。成鸟的翼展平均超过2米，体长则可达1米。身强力壮，异常凶猛，捕食大中型鸟类和兽类。同科的白肩雕又名"老雕"。与金雕同为国家一级保护野生动物。

金雕与白肩雕都是大型猛禽，由于数量十分稀少，都已列为我国一级保护野生动物。

金雕又叫"鹫雕""洁白雕""红头雕"等，体长约1米，不仅是雕属中的最大成员，也是最大型的猛禽之一。它上体棕褐色，下体黑褐色。翅膀下面有一个白斑，飞行时看得很清楚。尾上羽毛先端黑色，3/4为灰褐色。生活在高山草原和针叶林地区，爱栖息于高山岩石峭壁之巅，在西藏栖息地可达海拔4 000米，平原少见。飞行速度很快，常沿直线或圈状滑翔于高空。它身强力壮，异常凶猛，不仅捕食雁、鸭、松鸡、天鹅等大型鸟类，还猎取鹿、山羊、狐、貂等较大兽类，也吃小型啮齿动物和野兔等，个别金雕甚至能捕捉到狼。曾经有过一只金雕创下了先后抓狼14只的纪录。它繁殖时间较早，筑巢在高山极难攀登的悬崖峭壁的树上，以松树等树枝筑成巢，内铺垫草、细枝条和毛皮等。有利用旧巢的习性，但每年都增添新的材料，加以修复。巢很大，高可达1.8米，直径1米多。产卵在2～3月，每窝产卵1枚或2枚。金雕是动物园著名的观赏动物，羽毛经济价值较大，经驯养还可用来猎取飞禽和羚羊。在我国这种鸟分布于东北、华北、西北，西南等地。

白肩雕又叫"老雕""御雕"，与金雕是同一个属。它的体形稍小于金雕，体长约75厘米。全身羽毛黑褐色，背部有光泽，并有显眼的白色肩羽，故得名"白肩雕"。它栖息于海拔1 300～1 400米的山地，也见于草原、丘陵、河流的砂岸等地。飞行时，白肩雕缓慢地鼓动着翅膀，在空中滑翔。此鸟有一个怪脾气，喜欢长时间蹲在一个地方一动不动，窥视猎物的动静，当黄鼠、跳鼠等出现时，突然飞起将它们捉住。除鼠类和野兔外，它也啄食鸟类和两栖动物。饱食之后，它常长时间停息在岩石或地面上。4～5月是此鸟的繁殖时期，它们移栖到落叶树林中，在密林或林缘的乔木等树上筑巢，巢离地面10～25米，以树枝为巢材，巢内铺垫兽毛、鸟羽和布片等物。每窝产卵2枚或3枚，雌雄鸟共同孵卵约45天后，幼鸟破壳而出。在育幼期内，雌鸟留在巢中，雄鸟外出捕猎食物来喂养它们，喂食次数多时每天可达5～6次。幼鸟两周后开始长出羽毛，55天后完全长齐，并能自己飞行和捕食。此鸟的经济价值与金雕相似，我国分布于东北、华北、华东、西北、华南等地。

▲ 白肩雕喜静默

# 珍稀大型海雕

**玉带海雕**

（鹰形目 鹰科）

玉带海雕（拉丁学名：*Haliaeetus leucoryphus*）大型猛禽。全身呈棕色，尾羽暗褐色，中间有个10厘米宽的白色横带，故名。多见于沼泽、草原以及沙漠或高原。主要以鱼和水禽为食，也吃死鱼和其他动物的尸体。为国家一级保护野生动物。

在猛禽中，玉带海雕、白尾海雕、虎头海雕和白腹海雕都属于大型鸟类，由于我国数量极少，已列为国家一级保护野生动物。

玉带海雕又叫"黑鹰""腰玉"。它体长约77厘米，大者可近90厘米。头细长，金黄褐色，呈矛状羽饰。上体暗褐色，下体棕褐色。尾羽黑褐色，中部有一条宽约10厘米的白色带状斑，故得名玉带海雕。此鸟栖息在平原、草原、农田、河谷等处，也居留在海拔4 000米的高山地区。在草原及荒漠地带，它以鼠类等啮齿动物为主要食物，偶尔也吃羊羔；在农田、河谷，主要捕食鱼、蛙和水禽。它有一双凶狠发光的眼睛，飞行时两翅展开足有2米宽，常在空中旋转，因而猎物见了往往吓得发抖。有时，海雕在鼠兔或旱獭洞旁十多米处停息，猎物刚出洞探头张望时，即猛扑过去，用利爪将对方擒住。3月它开始营巢，一般在高大树上，最高的巢离地面30米以上，有时在芦苇丛中筑巢，也利用别种鸟的旧巢。巢用较粗的树枝搭成，内垫细枝、兽类碎皮和干马粪等。通常每窝产卵3枚。在我国这种鸟分布于东北、华北、西北等地。它的飞羽可制

▼ 玉带海雕（Koshy供图）

扇，尾羽十分名贵，为一级雕翎，名叫腰玉尾翎。

白尾海雕又叫"白尾雕""芝麻雕""洁白雕""黄嘴雕"等，个头与玉带海雕差不多。身体大都褐色，只有尾是纯白色的，故得名白尾海雕。多栖息于海滨、江河附近的广阔沼泽地带。除繁殖期外，有时在草原或海拔1 400～1 500米的高山上活动。平时常单独生活，在繁殖后期常和幼鸟一起游荡。它往往沿直线飞行，动作迟缓，显得悠然自得。休息时，白尾海雕停落在岩石和地面上，甚至长时间站立在乔木枝上，俯视着地面，见到鼠、兔等小兽，立即扑上去捕食。有时它在水面上空滑翔巡视，一见鱼类和水禽，马上用锐爪猎捕。此外，它还啄食陆地鸟、尸肉和渔场附近的废物。白尾海雕的食量很大，颇能耐饥，即使45天不吃东西也不会饿死。白尾海雕在3～4月进行繁殖，在海岸的岩壁上或乔木上筑巢，巢由树枝搭成，内铺枝条、树皮、羽毛、苔藓、草叶等。此鸟多利用旧巢，但在其上添加一些新材料，所以巢形逐年增大。每窝产卵2枚，孵卵主要由雌鸟承担。在我国白尾海雕分布于东北、华北、华东、西北等地。

虎头海雕又叫"虎头雕""海雕"，是海雕中最大、最凶的一种。体长在96～100厘米之间，大者可超过1米。全身大多褐色。它之所以有此赫赫威名，是因为额白色，头部其他地方暗褐色，并具有灰褐色的纵纹，看上去有点像虎头，故得名"虎头海雕"。主要栖息在近海岸的河流、湖泊等处，有时

▲ 白尾海雕（Jacob Spinks 供图）

也停落在沙丘和乔木树枝上。大多单独活动，迁徙时常成小群。主要以鱼类为食，也吃大型鸟和小兽。4～5月进行繁殖，在高大的白杨、松树上筑巢，多在近树顶的枝梢上，或在海岸的岩壁上面，用树枝搭成较大的皿形巢，也经常沿用旧巢。每窝产卵2枚。我国仅分布于辽宁、河北和山西等地，分布区较前面两种海雕狭窄。

▼ 虎头海雕

白腹海雕体长71～76厘米，头、颈和下体纯白色，上体灰色，尾黑色呈楔形，尾羽外缘1/3为白色。它栖息在海岸边，常单独活动，主要以海鱼为食。在国内这种鸟分布于江苏、广东、海南、福建等地。

▼ 白腹海雕（Thimindu Goonatillake 供图）

▲ 胡兀鹫（Raoul Feignoux 供图）

# 兀　鹫

**兀鹫**

（鹰形目　鹰科）

胡兀鹫（拉丁学名：*Gypaetus barbatus*） 头和颈部羽毛退化而裸露，翼宽大有力，但嘴形较扁，爪欠锋利，不能活捉猎物。栖息山野，巢筑于高树或悬岩上。常盘旋高空觅食地面大动物尸体。中国分布的兀鹫中，胡兀鹫、拟兀鹫、黑兀鹫等为国家一级保护野生动物，高山兀鹫等为国家二级保护野生动物。

我国产的兀鹫中,胡兀鹫、拟兀鹫、黑兀鹫等被列为国家一级保护野生动物;高山兀鹫等被列为国家二级保护野生动物。

胡兀鹫又叫"大胡子鹫""髭兀鹫"。它的个头很大,体长在1米以上,体重超过5 000克。它的嘴高大而偏扁,颏下有一簇黑色羽毛,形长如须,所以叫它大胡子鹫。上部体色黑而有银灰色光泽,胸具黑领,跗跖被羽。栖息在海拔2 000～4 000米的高原和山麓一带,常20只成群飞翔。在空中翱翔时,人们可以看到它翅形较尖;在它扇动翅膀时,能够听到它发出的类似笛子的鸣声。此鸟是飞行高手,有时为了寻找食物,一天可以连续飞行9～10个小时,飞行高度在7 000米以上。需要的时候,它可以在离地面3～5米的高度,快速而几乎贴地飞行。

胡兀鹫以死尸为主要食物,像鬣狗一样,尤其嗜食动物的骨头。通常,它能啄碎细骨小骨而食之。找到大骨头后,它会飞到有岩石的地方,再上升30～60米扔下骨头,使骨头碎裂,然后马上下来吞食。若骨头没有摔碎,它只得重复再来几次。假使这样仍然不行,只好放弃这块大骨头了。有人还见到,胡兀鹫捕获一只龟后,很快飞向高空,然后将龟投至岩石上,使其破碎而后食之。此外,胡兀鹫还捕食鸟类及有蹄兽,特别是山羊,也吃野兔、旱獭、鼠类等。

胡兀鹫的繁殖时间较早,1月即开始交配,在岩壁的凹处,人们难以接近的地方筑巢。巢材以草为主,并铺以兽毛等。也在石洞中营巢,用兽毛、细枝作铺垫。3月中旬产卵,每窝卵2枚,很少有1枚,偶尔见到3枚。

现在,欧洲的胡兀鹫总共不超过50对,大部分生活在比利牛斯山的荒野中。而我国,分布于东北、华北、西北等地,数量也很稀少。

拟兀鹫又叫"白背兀鹫",体长约83厘米。头、颈都是灰色的,几乎全部裸露无毛,颈脖基部有白色绒羽组成的翎领。上体近黑色,下背白色,翅下具白色带。它栖息在山地或开阔平原,以鼠类、野兔等为食,也啄食动物腐尸,所以人们也称它为大自然的"清洁工"。在食物贫乏和饥饿时,也吃蛙、蜥蜴、其他鸟类和大昆虫。国内仅分布于云南,而且数量很少,属于我国珍稀鸟类。

　　高山兀鹫的个头要比拟兀鹫大得多，体长约有122厘米。它的头和颈的绒羽是白色的，远远望去好似围着一条白色的大围巾。初级飞羽为黑色，下体暗黄褐色，具白色纵纹。它栖息于高原地区，主要吃鼠类。国内分布于西北、山东、四川、云南地区。

　　黑兀鹫的个头与拟兀鹫差不多，体长约83厘米。它的头、颈上绒羽为橘红色，体羽黑褐色，颈脖基部和胁部都具有白斑，嘴黑色，脚红色。它栖息于山林内，以小型鸟类和小型兽类为食，也吃动物的腐尸，所以也有大自然的"清洁工"之称。国内分布于江苏、云南、广西等地。

高山兀鹫 ▶

拟兀鹫（Goran Ekstrom供图）▶

黑兀鹫（S shepherd供图）▶

# 令人生畏的秃鹫

**秃鹫**

（鹰形目 鹰科）

秃鹫（拉丁学名：Aegypius monachus）亦称"坐山雕"。大型猛禽。体羽主要黑褐色，飞羽和尾部更黑，领部羽毛淡褐而近白色。头被绒羽，颈后有部分裸秃，故名。栖息高山地带。嗜食大型鸟兽的尸体，也啄食小兽、两栖动物和昆虫。终年留居中国西部山地，偶见于东部。为国家二级保护野生动物。

秃鹫又叫"坐山雕""狗头鹫"。它体型巨大，体长约1.2米。身体大多乌褐色，头被污褐色绒羽，颈裸出部分呈铅蓝色，皱领淡褐近白色。从它的整个容貌来看：巨大的暗色躯体，小小的圆头上有一双阴森森的大眼睛，巨大的嘴像铁钩，脖子光秃秃的，确实使人望而生畏。

秃鹫常栖息于海拔2 000～4 500米的山区，也到海滨或江河附近的平原、丘陵开阔地带及草原区活动。它多单独生活，在草原、岩石等处的高空中翱翔。飞翔时，宽阔的双翅伸展成一直线，频频鼓动着，利用上升气流较长时间地翱翔在空中。它主要吃大型动物的尸体，也啄食小兽、两栖动物和昆虫。当发现牛、马、羊等大家畜和人的尸体时，先飞至附近仔细观察一下。在进餐前，几只秃鹫总是先把尸体的肚子啄破撕开，然后将头伸进胸膛和腹腔，把内脏吃得一干二净。秃鹫主要吃动物尸体，因而人们讨厌它，认为它很不干净。实际上，这种鸟整天都在为人类打扫卫生，清除尸体，成了大自然的"清道夫"。

秃鹫营巢在大树上，距地面六七米，巢用树枝筑成，内

▼ 让人望而生畏的秃鹫

铺枝条、兽毛等。一巢可多年使用。3月产卵，每窝产卵1枚，有时2枚。雌雄鸟都参加孵卵，孵化期为55天，雏鸟生长较慢，8月初才飞出。

  雄秃鹫非常爱自己的妻子和儿女。每天它辛辛苦苦地四处觅食，一回到家里，马上便张开大嘴，把吞下去的食物统统吐出，先给雌鸟吃较大的肉块，然后再耐心地给幼鸟喂碎肉浆。秃鹫的胃口很大，每次都要吃到脖子都装满为止。因而，雄鸟带回来的食物常被妻子、儿女吃得精光。它只能饿着肚子，拖着疲乏的身子，再一次离家外出，直到夕阳西下还在空中盘旋，寻找着食物。雄秃鹫不愧为鸟类中的"好丈夫"和"好父亲"！

  在我国，秃鹫分布于东北、华北、华东、西南等地。此鸟除了能清除污物、保持环境卫生、加速自然界的物质循环外，又是动物园中的观赏鸟类，羽毛可制工艺品。因它数量稀少，已列为国家二级保护野生动物，禁止捕猎。

▲ 鸢飞戾天

# 并不陌生的鸢

**鸢**

（鹰形目 鹰科）

鸢（拉丁学名：*Milvus korschun*）亦称"老鹰""黑耳鸢"。人们熟悉的一种猛禽。上体暗褐杂棕白色。耳羽黑褐色。翼下具白斑，飞时外显；尾叉状。常见于城镇、乡村附近，巢多营在高树上。主食啮齿动物。分布几遍中国各地。常边飞边鸣，声音尖锐而高扬。与同科的栗鸢、黑翅鸢同为国家二级保护动物。

我国产的鸢、栗鸢和黑翅鸢，由于数量稀少，都已列为国家二级保护野生动物。

鸢又叫"老鹰""黑鸢"和"鹞鹰",体长约65厘米,是人们熟悉的一种猛禽。全身大多暗褐色;飞翔时,两个翅膀下面各有一个明显的白斑;尾巴呈叉状,与其他猛禽的圆尾不同,比较容易识别。鸢多栖息于山谷树林中或旷野的高树上,在山地、草原、田野、海滨、林区、荒漠及城郊居民区附近也能见到它们的踪迹。天气晴朗时,常单独长时间翱翔在高空中,有时两翅缓慢地扇动一次后,即往前滑翔一段距离;改变飞行方向时,往往盘旋成圆圈状。飞行时,它两翅很少扇动,好像高悬在空中一般,常边飞边鸣,声音尖锐而高扬。它的视力极好,能在高空俯首搜索地面的猎物,一发现目标,立即俯冲而下,抓掠而去。主要捕食鼠、兔、鸟、蛙,也吃大型昆虫、鱼和动物尸体腐肉,偶

▼ 栗鸢(T. R. Shankar Raman 供图)

尔还会窜入农家偷捕小鸡和小鸭。北方在4～5月间繁殖，南方2月即开始繁殖。常喜集群营巢在山谷高大乔木的顶端树杈上或岩壁缝隙间，也有在山丘的岩洞筑巢的。每窝产卵2～3枚。在国内，鸢的分布几乎遍及各地，但由于数量稀少，仍应加以保护。

栗鸢又叫"红老鹰"，个头较鸢小，体长约36厘米。它的头、颈、胸、上背都是白色，其余体羽主要为栗色。初级飞羽黑色。栖息在江河和沼泽附近一带，也常成对或单个活动于田间及村落附近，有时停息在大树上。以蛙、鱼、鼠和大型昆虫为食，也啄食动物尸体的腐肉。营巢在高树上。国内分布于西藏、浙江、山东、江西、湖北、云南、广东、广西、福建等地。

▲ 黑翅鸢

黑翅鸢个头较栗鸢稍小，体长约33厘米。上体淡蓝灰色，眼周和肩部大部分羽毛为黑色；下体白色，有深棕色和暗褐色纵纹；嘴黑色，脚黄色。常单独飞翔于田间、疏林或草坡上空，有时停息在树梢或电线杆上，以鼠类、小鸟、蝗虫等为食，国内分布于河北、浙江、云南、广西等地。

▲ 褐冠鹃隼（Gihan Jayaweera 供图）

# 头上长冠羽的鹃隼

**褐冠鹃隼**

（鹰形目 鹰科）

褐冠鹃隼（拉丁学名：*Aviceda jerdoni*）一种中型猛禽。头顶红褐色而具有黑色的纵条纹。栖居于丘陵、山地或平原森林，有时也出现在疏林草坡、村庄和林缘田间，多在晨昏活动。主要以昆虫为食，也吃蜥蜴、蝙蝠、鼠类和蛙等小型脊椎动物。栖息于高大树木的顶枝，以细树枝筑巢。中国分布于云南、海南和广西等地。为国家二级保护野生动物。

我国只有2种鹃隼，一种叫"褐冠鹃隼"，另一种叫"凤头鹃隼"，因数量稀少，都已列为国家二级保护野生动物。

褐冠鹃隼个头较大，体长在46～48厘米之间。它头上长有耸起的红褐色冠羽，并有黑色纵纹；上体褐色；喉部白色，中央具有黑色纵纹；下体白色，杂有红褐色横纹；尾灰褐色，有2～3条暗色横纹。外貌看上去比较美观。此鸟栖息在森林地带，多在黄昏活动，以蜥蜴、昆虫等为食。国内分布于云南、海南、广西等地。

凤头鹃隼又叫"黑冠鹃隼"。个头较小，体长在31～33厘米之间。它的冠羽后伸，为蓝黑色；肩白色，末端1/3处黑色；尾羽内侧白色，外侧具栗色块斑；喉和颈都为黑色；有一个新月形纹横贯上胸，下胸和腹侧具栗色、白色横纹。此鸟常活动于疏林草坡和林缘田间，以鼠类和昆虫为食。国内分布于江西、湖北、西南和华南。

◀ 凤头鹃隼（Vicki Nunn 供图）

# 爱吃蜜蜂的猛禽

**蜂鹰**

（鹰形目 鹰科）

蜂鹰（拉丁学名：*Pernis*）中型猛禽。背部羽毛深褐色。经常栖息于稀疏的松林中，常到乡村田野和草原上活动，挖掘蜂巢，吞食蜂卵、蜂幼虫甚至长有毒刺的成年蜂，兼食鼠、蛙、蛇、蜥蜴等。为国家二级保护野生动物。

　　蜂鹰又叫"凤头蜂鹰""八角鹰"，体长约63厘米。头上具短羽冠，看上去像戴了"凤冠"。它的羽色变异较大，上体暗褐色或栗褐色，下体棕褐色或白色而具暗色条纹。尾长，灰暗色，具3～5条暗色宽带斑和若干灰白色波状横斑。喉部具有"W"形黑褐色斑纹。

　　蜂鹰栖息于稀疏的针叶林、阔叶林或针阔混交林中，多在村落、草原、农田附近活动。平时单独生活，冬季集成小群活动。它飞行灵活，但较缓慢。飞翔时常会鸣叫，短促似哨声。此鸟的食性与一般猛禽不同，嗜食蜜蜂、胡蜂等的成虫、幼虫，也吃蜂蜜、蜂蜡，兼食鼠、蛙、蛇、蜥蜴等。5～6月进行繁殖，在高大乔木上营巢，有时也利用乌鸦、鸢、苍鹰及其他鸟的旧巢。巢用树枝、树叶筑成，形呈浅盘状，离地面高度为10～28米。每窝产卵1～3枚，通常2枚。国内分布于内蒙古、东北、河北、山西、青海、新疆、江苏、山东、西南、华南、四川等地。上海市郊旷野也有，但数量极少。蜂鹰已列为国家二级保护野生动物。

蜂鹰 ▶

# 鹰属保护鸟类

**苍鹰**

（鹰形目 鹰科）

苍鹰（拉丁学名：*Accipiter gentilis*）头顶、枕和头侧黑褐色，枕部有白羽尖，眉纹白杂黑纹；背部棕黑色。多单只活动，主要以多种鼠类为食，也捕食鸟类和野兔。为国家二级保护野生动物。

▲ 苍鹰（Ferran Pestaña 供图）

我国的鹰属猛禽共有8种，因数量稀少，都已列为国家二级保护野生动物。

苍鹰又叫"黄鹰"，体长在50～60厘米之间。头顶、枕和头侧黑褐色；眉纹白色而杂以黑纹；背羽棕黑色；尾羽暗灰褐色，具4条宽阔的黑褐色横斑，尾端近白色；胸、腹、两胁都密布灰褐色横斑。栖息于山地森林一带，多单只活动，鸣声尖锐而洪亮。常在空中作直线滑翔，飞行迅速，视觉敏锐，发现地面有猎物，即直线而下，拼命追击，用锐利的爪刺入猎物胸部，然后将它撕裂而食。有时也隐匿在林中，待猎物出现时才突然猛扑上去。主要以多种鼠类为食，也捕食鸟类和野兔，偶尔还猎杀山猫和幼狐。5～6月进行繁殖，筑巢在高树上，巢呈皿形，每窝产卵2～4枚，多为2枚。国内除海南外，各地都有分布。

褐耳鹰又叫"棕耳苍鹰"，体长在31～33厘米之间。上体灰色，下体具赤

▼ 松雀鹰（LiCheng Shih 供图）

▲ 褐耳鹰（Ravi Vaidyanathan 供图）

褐色横斑，嘴黑褐色，耳羽淡灰褐色。栖息于林区周围及平原空旷地带，常单独在空中翱翔，时而轻轻鼓动翅膀。以蜥蜴、蛙、昆虫、小鸟等为食。国内分布于云南、广东、广西、福建、海南、浙江等地。

赤腹鹰又叫"鸽子鹰"，体长在27～30厘米之间，外貌有点像鸽子。上体灰蓝色；胸和上腹淡棕色；中央尾羽灰黑色，其余尾羽呈暗褐色，具黑褐色横斑。主要栖息在山地林缘，常活动于山地和村落之间。以小型鸟类、蜥蜴和昆虫等为食。营巢在森林中的树枝上，用枯枝筑成皿形巢，有时也利用旧巢。每窝产卵多为5枚。国内分布于西南、华南、华北和海南、台湾等地。

凤头鹰又叫"凤头雀鹰"，体长在41～47厘米之间，头上有明显的羽冠，喉部白色，具宽阔的黑色纵纹。上胸有纵纹，下腹有横斑，尾羽褐色，具4道宽阔的暗褐色横斑。常单独栖息于山地、沟谷的阔叶林中，有时也在较空旷的疏林上活动，飞行缓慢，高度也不很高。以田鼠、小鸟、蛇和昆虫等为食。国内分布于西南、广西、海南、台湾等地。

雀鹰又叫"雀鹰子""鹞""雀儿鹰",体长约40厘米。喉部密布黑色纵纹,上体暗灰色,下体白色并杂以赤褐色和暗褐色横斑。栖息于山地疏林地区或山脚林缘,也出现在开阔平原的小块树林中,偶尔还能在村镇附近见到。飞行时,往往先拍动两翅,而后再往前滑翔。有时停落在树上窥伺猎物,一旦发现就突然冲向地面,抓获猎物后即返回树上,然后用嘴撕裂后吞食。常见它在疏林和灌木丛中穿梭追捕小鸟。主要以小型鸟类和鼠类为食,也吃昆虫。5月进行繁殖,喜营巢在杉树、松树等侧枝上,用针叶树的枯枝筑成皿状巢,每窝产卵4～5枚。经驯养可用于狩猎。国内分布几乎遍及各省区。

▲ 赤腹鹰(Ariefrahman供图)

松雀鹰又叫"松子鹰",体长约30厘米,是一种小型鹰。喉部中央具褐色宽阔纵纹;上体淡褐色;胸、腹灰白色,带淡乳黄色。栖息于低山及草原疏林地带,也生活在平原地区,喜栖息在高大的树上、地上、山丘顶上及突出的物体上。在高空飞翔时,两翅扇动3～4次后即直线滑翔一段距离,有时会作圆圈状翱翔。生性凶猛,机警,主要猎食鼠类,也吃野兔、小鸟、昆虫、蛙和蜥蜴等。在食物缺乏时,亲鸟也会吃掉自己的雏鸟。4～6月进行繁殖,营巢于榆树、松树等高大乔木上,每窝产卵4枚或5枚。国内分布遍及全国东部、南部地区,自东北至长江流域及华南一带。此鸟除我国进行保护外,也是《中日候鸟保护协定》中的保护鸟类。

▼ 凤头鹰

▲ 鹰雕（Javahn19供图）

# 鹰雕和林雕

**鹰雕**

（鹰形目　鹰科）

鹰雕（拉丁学名：*Nisaetus nipalensis*）　体形偏大的猛禽。成年鹰雕上半身呈棕色，下体有白色纹。翅膀很宽，在飞行时呈V型。一般生活于山中的常绿森林。主要以猕猴、野兔、野鸡、鼠类等为食，也捕食小鸟和大的昆虫，偶尔还捕食鱼类。分布于印度、缅甸、中国及东南亚。与同科的林雕同为国家二级保护野生动物。

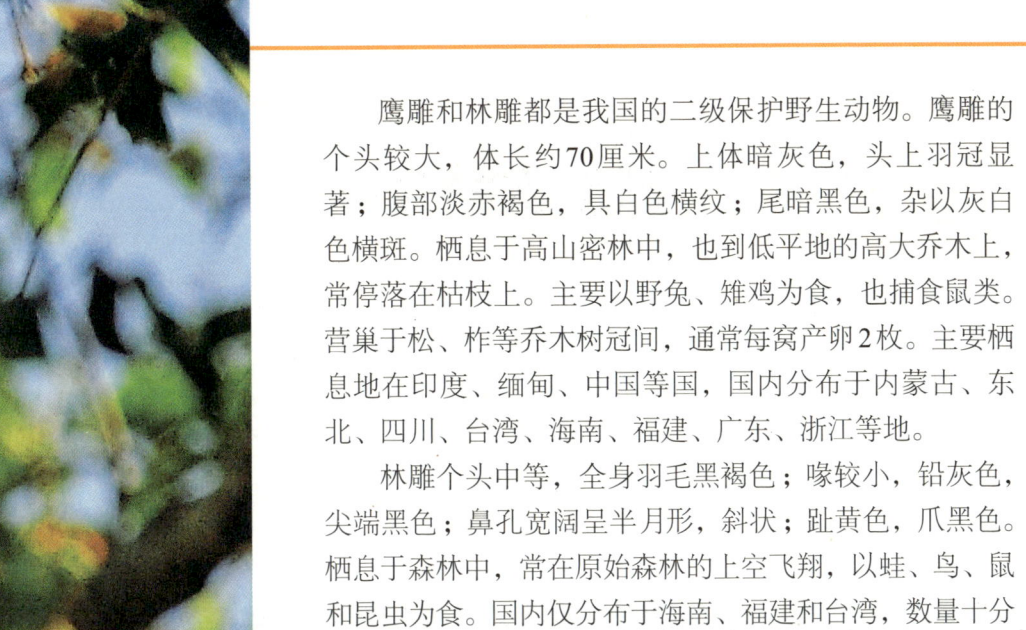

鹰雕和林雕都是我国的二级保护野生动物。鹰雕的个头较大,体长约70厘米。上体暗灰色,头上羽冠显著;腹部淡赤褐色,具白色横纹;尾暗黑色,杂以灰白色横斑。栖息于高山密林中,也到低平地的高大乔木上,常停落在枯枝上。主要以野兔、雉鸡为食,也捕食鼠类。营巢于松、柞等乔木树冠间,通常每窝产卵2枚。主要栖息地在印度、缅甸、中国等国,国内分布于内蒙古、东北、四川、台湾、海南、福建、广东、浙江等地。

林雕个头中等,全身羽毛黑褐色;喙较小,铅灰色,尖端黑色;鼻孔宽阔呈半月形,斜状;趾黄色,爪黑色。栖息于森林中,常在原始森林的上空飞翔,以蛙、鸟、鼠和昆虫为食。国内仅分布于海南、福建和台湾,数量十分稀少。

◀ 林雕(W. A. Djatmiko 供图)

二 昼行性猛禽

# 雕属保护鸟类

**草原雕**

（鹰形目 鹰科）

草原雕（拉丁学名：*Aquila nipalensis*）因年龄以及个体差异，体色变化较大，从淡灰褐色、褐色、棕褐色、土褐色到暗褐色都有。主要栖息于开阔平原、草地、荒漠和低山丘陵地带的荒原草地。以黄鼠、跳鼠、沙土鼠、野兔、旱獭、沙蜥、草蜥、蛇、鸟类等动物为食，有时甚至会捕食狼的幼崽，也吃动物尸体和腐肉。中国分布于新疆、西藏、内蒙古、东北、东南沿海等地。为国家一级保护野生动物。

▼ 草原雕（Lilly M 供图）

我国产的雕属鸟类，因数量稀少，都已列为国家一级和二级保护野生动物。

草原雕又叫"大花雕""角鹰"，个头较鹰雕大，雄鸟体长73～74厘米，雌鸟体长75～78厘米。通体土褐色，仅翅膀和尾上覆羽具淡色端斑。栖息于山丘和开阔的草地，常栖息在地面或孤独的高树巅处，平时多在150～200米高的空中低飞。主要以啮齿动物为食，也捕食鸟类和其他小型兽类，还吃爬行动物和动物尸体。4～5月进行繁殖，营巢于岩壁、乔木或灌丛中，巢用枯枝、芦苇等筑成，内铺毛和草，每窝产卵2枚或3枚。国内分布于新疆、西藏、内蒙古、东北及东南沿海等地。

▲ 乌雕

乌雕又叫"小花皂雕""花皂雕""花雕"。雄鸟体长约63厘米，雌鸟体长约70厘米。全身羽毛乌褐色，体背略闪紫色金属光泽。鼻孔圆形，与其他雕属种类有别。趾黄色，爪黑色。栖息在湿地附近的林区、草地，也常在水边、河谷、海滨的沼泽芦苇地或开阔的平原上空飞翔活动。有时停落在树上，窥伺猎物。食物以鼠、蛙、鱼为主，也吃昆虫、鸟类、蜥蜴及动物尸体。营巢于高山岩石上或高大乔木上，用树枝、树皮筑成平坦的盘状巢，也利用旧巢。巢距地面约10米，有时高达25米。每窝产卵1～3枚，多为2枚。国内分布于内蒙古、东北、华北、新疆、江苏、浙江、安徽、河南、江西、四川、云南、广西、广东、福建、台湾等地。早年在上海市郊也有分布。

白腹山雕体长66～74厘米。喙蓝灰色，基部灰黄色；上体暗褐色，颈侧和肩羽羽缘灰白色；飞羽黑褐色，内侧羽片有云状白斑；下体白色沾淡栗色；趾黄绿色，爪黑色。常栖息于开阔的原野、丘陵及山间溪谷附近的稀疏林地，喜在开阔的旷野上空飞翔、游荡、觅食。性孤独而凶猛，以鼠类、小鸟和蛇等为食。分布于江苏、浙江、江西、湖南、湖北、贵州、云南、华南等地。它在上海是极为罕见的留鸟。

小雕的个头较小，体长40～54厘米。嘴苍灰色，头、颈白色沾棕色，眉纹黑色，上体暗褐色，下体白色杂以暗褐色纵纹。栖息在沿海山地林缘，主要

二 昼行性猛禽

以鼠类为食,也捕食小型鸟类。国内分布于新疆、浙江、云南等地。

棕腹隼雕体长约54厘米。冠羽黑色,向后斜;喉部白色;上体黑色;上胸白色,具黑色棕纹;下体棕褐色,具黑色横纹;尾深灰褐色,并具暗色斑纹。栖息于热带雨林,以啮齿动物等小型兽类为食。国内仅分布于云南。

▲ 白腹山雕(Paco Gómez 供图)

▼ 小雕(Juan Lacruz 供图)　　▼ 棕腹隼雕(Magalhães 供图)

# 短趾雕、蛇雕和渔雕

**短趾雕**

（鹰形目　鹰科）

短趾雕（拉丁学名：*Circaetus gallicus*）　头部浑圆像猫头鹰，眼睛鲜黄色。身体沉重，上体灰褐，下体白而具深色纵纹，喉及胸单一褐色，腹部具不明显的横斑。嘴黑色；脚偏绿。以鼠类、小鸟、蛇、蜥蜴等为食。与同科的蛇雕和渔雕同为国家二级保护野生动物。

　　短趾雕、蛇雕和渔雕都是我国二级保护野生动物。短趾雕体长约79厘米。眼先、额、前颊纹、眉纹和眼下一块斑，都是白色；头顶羽毛较长；上体土褐色；尾羽末端白色，具3个浅色横斑；嘴黑褐色，脚黄色。栖息于旷野、农田和疏林地带，以鼠类、小鸟、蛇和蜥蜴等为食。国内分布于辽宁、北京、甘肃、新疆、四川等地。

　　蛇雕体长约73厘米。头顶及冠羽黑色，羽基白色；上体及两翅都呈暗褐色，各羽都有白缘；尾黑色，中部贯以白色横纹，羽端也是白色；喉部黑褐色，胸部棕黄色，具暗褐色横斑；腹部也是棕黄色，杂有白色斑点。栖息于山地林区，也常见于沿海岛屿。它喜欢站在高处，或是在空中盘旋，当发现地上有蛇的时候，便悄悄降下，用双爪抓住蛇的身体，一边张开翅膀，一边用利喙像钳子一样钳住蛇头。此时，蛇疯狂地翻滚着，扭动着，但蛇雕仍抓住蛇头和蛇身不放，直到把蛇头弄碎，才开始吞吃：先吞蛇头，接着是蛇身，最后把蛇尾吞下。有时候，蛇雕不把蛇全部吞下，而是在喙外留出一段蛇尾，以便回家后让小鸟叼住这段

▲ 短趾雕（Flavio供图）

尾巴，把蛇拉出来大吃一顿。有趣的是，蛇雕把蛇吞进去以后，总要停下来歇一会儿，做出一种很古怪的动作：不断挺胸扬头，像一个吃得太饱太快的人突然被噎住似的，这是因为吞进肚里的蛇仍在扭动，它只得抬头挺胸，用胸部的肌肉控制蛇的活动。除蛇以外，蛇雕还捕食蛙、蜥蜴、鼠、鸟和甲壳动物等。国内分布于辽宁、西藏、江苏、浙江、安徽、江西、湖北、贵州、云南以及华南等地。

渔雕体长在61～69厘米之间。头、颈灰色；上体黑色，下体白色；尾羽黑褐色，外侧尾羽近基部有白斑，尾羽外缘1/3为黑色；嘴黑色，脚黄色。栖息于近森林地带的河流、海岸，主要捕食鱼类，故有"渔雕"之称。渔雕捕鱼时堪称矫健敏捷、神出鬼没。它们常站在水边树上等待时机，一旦发现有漫游的鱼类，就悄然滑翔而下，快速贴水飞行，等到接近那条鱼时，就伸出爪子，迅猛地将鱼抓起来，这前前后后只不过几秒钟的时间。在国内渔雕仅分布于海南。

◀ 渔雕主食鱼类（Raman Kumar 供图）

◀ 蛇雕喜欢站在高处

▲ 灰脸𫛭鹰

# 受保护的𫛭鹰

**灰脸𫛭鹰**

（鹰形目 鹰科）

灰脸𫛭鹰（拉丁学名：*Butastur indicus*）中型猛禽。上体暗棕褐色，翅上覆羽棕褐色；尾羽为灰褐色。栖息于阔叶林、针阔叶混交林以及针叶林等山林地带，以小型蛇类、蛙、蜥蜴、鼠类、松鼠、野兔、狐狸、小鸟等动物性食物为食。栖息于中国东北、华北、东南沿海等地。为国家二级保护野生动物。

我国共有3种鵟鹰，因数量稀少，都已列为国家二级保护野生动物。

灰脸鵟鹰体长约43厘米，头部及上体暗棕褐色，翅上覆羽棕褐色，白色眉纹宽而明显，喉部白色，胸部淡褐色，腹部灰白色，尾灰褐色，并具4条宽阔黑色横斑，喙和爪黑色，腿和趾黄色。部分个体呈暗色型，通体黑褐色，没有斑纹。栖息于山地林间或森林边缘附近的草原、田野、河堤及沼泽湿地，也栖息于开阔地带的孤树上，而且常常一停就是30～40分钟。它们飞行时轻快，常集小群活动，贴近地面飞翔，或在天空作半球形翱翔，或在地面徘徊觅食，或在空中追捕猎物。主要以昆虫、鼠类和蛙类为食，也吃蛇、鸟、蜥蜴、鱼等。多在平原的松林和杂木林地带营巢，巢筑在高大的乔木上，用枯枝等建成，呈皿状，内铺松叶、枯叶等。每窝产卵2～4枚，一般2枚。国内分布于东北、华北和东南沿海各省。上海市郊数量极为稀少，不易见到。

白眼鵟鹰体长约41厘米。头顶暗褐色，有白色外缘；后颈白色；尾特别狭长，呈方形。栖息于森林地带，有时也在田野里活动，以小型兽类、蜥蜴和昆虫为食。国内仅分布于青藏高原，人们对此鸟的生态了解不多。

棕翅鵟鹰体长约35厘米。上体灰褐色，下背和尾上覆羽黄褐色；尾棕栗色，具4条黑色横带；下体灰色，尾下覆羽和覆腿羽白色；喙黄色，爪橘黄色。栖息于平原、低山地带的松树等疏林中。常栖息在枯枝和电线杆上，也常翱翔于天空。以鼠类、小鸟、蜈蚣等为食。国内仅分布于云南。

▲ 白眼鵟鹰（T. R. Shankar Raman 供图）

▲ 棕翅鵟鹰

# 鹰隼类猛禽

**普通鵟**

（鹰形目 鹰科）

普通鵟（拉丁学名：*Buteo buteo*）体色变化较大，上体主要为暗褐色，下体主要为暗褐色或淡褐色，具深棕色横斑或纵纹，尾淡灰褐色，具多道暗色横斑。尾散开呈扇形。翱翔时两翅微向上举成浅"V"字形。飞行时会鸣叫，其声如猫叫。主要以鼠类为食，也吃大型昆虫、蛙、鸟、蜥蜴等，偶尔还啄食鸟、兽尸体。为国家二级保护野生动物。

鵟是体形较大的鹰隼类猛禽，我国有普通鵟、大鵟、毛脚鵟和棕尾鵟4种，因数量稀少，都已列为国家二级保护野生动物。

普通鵟又叫"鵟""土豹""鸡姆鹞"。它是中型鸟类，体长52～57厘米，体形似苍鹰，羽色变异很大。上、下体暗色（黑型）或淡色，具有大型斑点。尾较短，展开成扇形。多栖息在开阔的山地上、疏林中、旷野、农田及村落附近。秋、冬季节，常独自在草地、丘陵及耕作区的上空翱翔。飞行时会发出鸣叫声，其声如猫叫。它视觉敏锐，不论在空中翱翔盘旋，或者停落在树上、草堆上及地面上，它总是窥伺着猎物，一旦发现，立即猛扑过去抓取。主要以鼠类为食，也吃大型昆虫、蛙、鸟、蜥蜴等，偶尔还啄食鸟、兽尸体。5～6月进行繁殖，筑巢于林缘附近的高大乔木上，巢用枯树枝搭成，内铺针叶及细枝条，有时也强占鸦鹊的巢。每窝产卵2枚或3枚，个别4枚，雌雄鸟都孵卵，但以雌鸟为主。国内分布几乎遍及全国各地。

▼ 普通鵟

大鵟又叫"老鹰""花豹"，体形较大，体长约66厘

米。上体暗褐色，上背杂以棕色；下体暗色或淡色，具暗色纵形或横形斑纹；尾淡褐或近白色，有6～9条淡色及暗色横纹。此鸟羽色变异较大，可分为淡色、暗色和中间色3种类型。繁殖期多栖息在山间及林地，冬季常至开阔的草原、田野觅食。生性凶猛机警，飞翔灵活，常作环形翱翔。以各种鼠类为主要食物，也捕食野兔、小鸟、昆虫、蛙、蜥蜴等。4～5月进行繁殖，营巢在崖壁缝隙或乔、灌木树上，用树枝筑成皿状巢，内铺枯草、麻、破布、兽毛等，每窝产卵2～4枚。国内分布于东北、内蒙古、西北、华北、华南等地，上海市郊也有。

毛脚鵟又叫"白豹"，体长55～63厘米。头、颈和上体前部灰白色，具褐色棕纹；背、肩和翅膀淡

▲ 上海市郊也可观察到大鵟

褐色，具灰白色羽缘；胸部白色，有淡褐色纵纹；腹、胁部暗褐色；尾羽白色，端部有1～2条宽阔的黑褐色横带；跗跖至趾基部被毛，故得名毛脚鵟。这种鸟栖息在稀疏的针阔混交林或阔叶林，也常见于农田、草地、村落附近的空旷地区。常单独活动，偶尔与普通鵟在一起。喜在高空中飞翔，或长时间停立在电线杆上，地面上一出现猎物，便急收双翅，快速直下捕杀。食物以鼠类为主，兼吃小鸟。在岩壁或树上营巢，巢用枯草、小树枝筑成，内铺松针、枯草，每窝产卵3枚或4枚。国内分布于新疆、东北、华北、华东及东南沿海各省。

棕尾鵟在4种鵟中个头最小，体长44～48厘米。喉部中央有褐色纵纹；背羽暗褐色；下体白色，具褐色纵斑；尾羽浅棕色，有灰褐或暗褐色横带；喙黑褐色，趾黄色。栖息于海拔较高的山间疏林地带，以鼠、蜥蜴、蛇、昆虫等为食。常在岩壁平坦处或树木上营巢，每窝产卵2～4枚。国内分布于甘肃、新疆、西藏、青海、四川等地。

▼ 毛脚鵟（Einar Fredriksen 供图）

▲ 棕尾鵟

▲ 捕食鱼类的鹗

# 猛禽中的"渔夫"——鹗

**鹗**

（鹰形目　鹗科）

鹗（拉丁学名：*Pandion haliaetus*）亦称"鱼鹰"。头顶和颈后羽毛白色，有暗褐色纵纹，头后羽毛延长成矛状。上体暗褐，下体白色。趾具锐爪，趾底遍生细齿，外趾能前后转动，适于捕鱼。常活动于江河海滨。营巢于海岸或岛屿的岩礁上。生性机警而凶猛。除捕食鱼类外，也吃蛙和鼠，偶尔也追捕鸥、鸦和野鸭。为国家二级保护野生动物。

鹗又叫"鱼鹰""鱼雕""鱼江鸟"。它的个头比苍鹰大，体长51～65厘米，体重1.4～1.6千克。头顶、后颈白色，有黑色纵纹。体上面和双翅表面暗褐色，体下面白色，仅上胸稍杂以棕褐色斑纹。飞翔时，可以见到它双翅长而狭，尾短，体形大，很容易与其他鹰类区别开来。

鹗常栖息于水域附近，多见在江河、湖泊、水库、海滨一带活动。它有时在高空飞翔，有时在水面上低飞窥伺，有时停落在临水的岩壁或乔木上静候猎物。这种鸟主要以鱼类为食，一发现水中有鱼，就伸出长长的爪，扑到水里。如果鱼潜入水中，它就折合双翅俯冲而下，把逃跑的鱼从水里抓出来。由于它的外侧脚趾能向后反转，变成两趾朝前，两趾向后，加上趾下的粗糙突起，能帮助它牢牢抓住黏滑的鱼体。抓到鱼以后，鹗会腾空飞去，在空中抖掉身上的水珠，把鱼带到岩石或树上饱餐一顿。所以鹗被人们称为鸟类中的"渔夫"。鹗生性机警而凶猛，除捕食鱼类以外，还吃蛙和鼠，偶尔也追捕鸥、鸦和野鸭。此鸟喜欢成群活动，在鱼类较多的水域附近，往往栖居着较多的鹗。

这种鸟在2～6月进行繁殖，营巢于岛屿或海岸的岩礁上，或在湖泊、河流附近的大树上。巢用树枝、枯草、海草、苔藓等堆筑而成，是较厚的皿状构造，内铺干草、羽毛、碎纸、破布等，雌雄鸟共同参加营巢。一个巢筑成后，常沿用好几年，甚至18年之久。每窝产卵2～4枚，大多为3枚，主要由雌鸟孵卵。在喂雏期间，雄鸟捕捉猎物，由雌鸟用嘴撕裂后喂育幼雏。

在我国，鹗分布于东北、华北、西南、华南、华东等地。虽然它主要以鱼类为食，但数量极为稀少，对渔业生产没有危害，且兼食鼠类，稍有益处，已列为国家二级保护野生动物。

# 中等体型猛禽

**白尾鹞**

（鹰形目　鹰科）

白尾鹞（拉丁学名：*Circus cyaneus*）　中型猛禽。雄鸟上体蓝灰色、头和胸较暗，翅尖黑色，尾上覆羽白色，腹、两胁和翅下覆羽白色。常贴地面低空飞行，滑翔时两翅上举成"V"字形，并不时抖动。嗜食鹑等小型鸟类，也食鼠、昆虫、蜥蜴和蛙。为国家二级保护野生动物。

▼ 白头鹞

鹞是一类体型中等的猛禽，我国产的有白尾鹞、白头鹞、鹊鹞、白腹鹞、草原鹞和乌灰鹞，因数量稀少，都已列为国家二级保护野生动物。

白尾鹞又叫"灰鹰""白抓""鸡鵟"和"灰鹞"。因为此

▼ 白尾鹞

鸟的尾上覆羽都是白色的,故得名"白尾鹞"。又因为它体形似雀鹰,雄鸟上体表面大多为蓝灰色,所以也叫"灰鹰"和"灰鹞"。此鸟的显著特征,是腰部有月牙形白横斑。雌鸟上体大多暗褐色,下体棕黄色杂有棕褐色纵纹;雄鸟腹部白色。栖息于开阔地区,常见于海滨农田、草原、湖沼及林缘,多单独生活。飞行迅速而轻捷,常低飞捕食地面草丛中的动物。嗜食鹑等小型鸟类,也食鼠、昆虫、蜥蜴和蛙。在空中飞翔时,它往往将尾展开,双翅频频

▲ 鹊鹞(Induchoodan A 供图)

扇动。停落在地面时,它的尾常上下作急剧的振动。在我国,白尾鹞繁殖于东北和新疆西部,迁徙时几乎遍布全国境内。此鸟除我国进行保护外,也是《中日候鸟保护协定》中的保护鸟类。

　　白头鹞又叫"泽鹞""泽鸢""白尾巴根子"。个头比白尾鹞大,而且腰部没有月牙形白横斑,两者是不难区分的。白头鹞上体及翅膀表面大多为黑色,头颈杂有白纹,尾银灰色。下体白色,自颏至胸有黑色纵纹。栖息在海滨及河、湖附近较开阔的低湿地带,或沼泽地的芦苇丛中。白天多单独活动,黄昏时常见2只一起,在围垦地或离芦苇梢端1～2米处作低空缓慢飞行,时而停歇在树枝上窥视猎物。它生性机灵,但不太怕人。主要以小型啮齿动物和鸟类为食,也吃昆虫、蛙、蛇和蜥蜴等。白头鹞在4～5月进行繁殖,营巢于地面,巢很简单,用枝条和草堆筑而成,内无铺垫。5月下旬产卵,每窝3～5枚,主要由雌鸟孵卵。我国分布于东北、华北、西北、西南、华东、华南等地。除我国进行保护外,它也是《中日候鸟保护协定》中的保护鸟类。

　　鹊鹞又叫"喜鹊鹞""黑白花鸢""喜鹊鹰""黑白尾鹞""客鹊鹞",个头比白尾鹞小。雄鸟上体及喉、胸都是黑色的,腹部白色。雌鸟体上面赤褐色,下面淡色。栖息于开阔的旷野,常见在芦苇沼泽、河谷、山坡、林缘、农田等地活动。它多飞翔在距地面1～2米处捕捉食物,有时飞翔在开阔地区上空,微微振荡身体,觅食草上动物。以昆虫、蛙、鼠、小鸟、蜥蜴等为食,据说在晚间也捕食鱼类。鹊鹞在5～6月初进行繁殖,营巢在草丛、沼泽或灌丛中,

二　昼行性猛禽

一巢可用数年。5月上旬产卵，每窝4枚或5枚。雌雄鸟都参加孵卵，但以雌鸟为主。在繁殖期间，雌雄鸟取食范围很大，一般可飞到离巢1～2千米处。在我国，鹞鹰分布于东北、华北、西南、华东等地。

白腹鹞体长约55厘米。上体大多为黑色，头、颈杂以白纹，尾银灰色，羽端近白色；下体白色，自颔至胸部有黑色纵纹；喙黑色，腿黄色，爪黑色。它栖息于近水源的芦苇沼泽地和树丛中，以鼠类和昆虫等为食。这种鸟在地面营巢，卵为淡黄色。在我国，它分布于内蒙古、东北、河北、北京、天津、甘肃、青海、江苏、浙江、山东、江西、湖北、四川、华南等地。

草原鹞体长约22厘米。与白尾鹞相似，但中央尾羽灰色，具暗色横斑。下体仅在胸部沾灰色。它栖息于荒漠草原、干草原等地。以鼠类等为食。国内分布于河北、新疆、西藏、江苏、江西、四川、海南、广西，福建等地。

乌灰鹞体长约48厘米。下体白色，具棕色纵纹。第二枚初级飞羽有缺刻，内侧初级飞羽有黑色宽带。它栖息于沼泽、河流等地。国内分布于新疆、江苏、山东、广东、福建等地。

白腹鹞

草原鹞（CLPramod 供图）

乌灰鹞（Cks3976 供图）

# 体型最小的猛禽

**小隼**

（隼形目　隼科）

小隼（拉丁学名：*Microhierax melanoleucus*）亦称"白腿小隼"。上体包括两翼及尾部概为辉黑色，但飞羽及尾羽的内翈密布白斑，外翈只具稀疏小白斑。下体全部近纯白色。栖息林地，尤喜溪河附近的低山。嗜吃昆虫，兼捕食小型鸟兽。在树洞营巢进行繁殖。为国家二级保护野生动物。

我国产的小隼属鸟类共有2种，即小隼和红脚小隼。它们在猛禽中体型最小，堪称这一家族中的"侏儒"，由于数量稀少，都已列为国家二级保护野生动物。

小隼的体长约17厘米，翅长约11厘米。额基部白色，白色眉纹与额基相连，并向后延伸至颈部两侧。上体包括翅、尾的表面，都是辉黑色的。下体纯白色。喙、腿、爪、趾都为黑色。它栖息于林地，特别是溪河近旁的低山地带更为常见。这种鸟在空中飞翔时常成圈状，边飞边捕捉昆虫为食，也能捕食小型鸟类和鼠类。它在树洞营巢进行繁殖。小隼酷爱自由，忍受不了被捕后的囹圄生活，过不了多久就会死去。在国内此鸟分布于江苏、浙江、安徽、江西、贵州、云南、广东、广西、福建等地。

红脚小隼的个头比小隼更小，体长只有9.4～9.8厘米。它的额基部也是白色的，白色眉纹也与额基相连，向后延伸至颈部两侧。上体也是黑色，但下体为锈红色。此鸟常单独活动于河谷地区，有时栖息在枯树上，以昆虫和小型鸟类等为食。国内仅分布于云南。

小隼（Auckland War Memorial Museum 供图）▶

二　昼行性猛禽

红脚小隼

# 小型猛禽

**游隼**

（鹰形目 隼科）

游隼（拉丁学名：*Falco peregrinus*） 头部及颈侧羽毛色黑、微蓝，并各贯以黑纹。上体其余部分主要为灰蓝色。下体色白而缀有黑斑。性凶猛，飞行迅速，捕食野鸭等，故亦称"鸭虎"。除鸟类外，还啄食鼠、兔和蝗虫。为国家二级保护野生动物。

　　隼属鸟类的体型虽比小隼属鸟类来得大，但也属小型猛禽。它们一般比鸽子稍大一些，翅膀狭而尖，尾较长，飞行敏捷，以小型动物及昆虫为食。我国共有10种隼，因数量稀少，都已列为国家二级保护野生动物。

　　游隼又叫"花梨鹰""鸭鹘""鸭虎""黑背花梨鹞"，是隼类中体型较大、翼较宽的一种。它的羽色美丽，头、颊及后颈黑色并带有蓝色光泽，上体暗灰蓝色，尾蓝灰色或青黑色，下体近奶油色，有黑色的纵纹和横斑。游隼飞行迅速，每小时能飞140～360千米。美国曾经有一名飞行员驾着飞机，以每小时250千米的速度飞行，谁知竟被一只疾飞的游隼超过了。人们常见游隼在开阔的农田、河谷、草地、多山的丘陵地区和海滨湿地水面上空飞行。它很凶猛，可在高空追捕飞鸟，发现1 000米外的飞鸟时，即以每秒75～100米的速度，由高空俯冲下去，用脚掌猛击飞禽，使猎物一下子就被击昏落地或在空中被抓走。如果一次不成，它就迅速地升高飞到飞禽的上空，然后再次突然俯冲而下，打击猎物，如此反复多次，直到猎捕成功为止。捕获

▼ 游隼

猎物后，它便飞到巢窝或隐蔽处去啄食。游隼在品尝食物前，常先剥去羽毛，把肉撕成小块，然后吃下去。据说，刚飞出的幼鸟就能用此法捕杀猎物。除鸟类以外，它还啄食鼠、兔和蝗虫。游隼在3～5月进行繁殖，营巢于悬崖绝壁的缝隙中，也有利用鹰、鹭旧巢的。每窝产卵3枚或4枚，孵卵时以雌鸟为主，雄鸟为辅。国内分布于东北、华北及长江以南至广东。

燕隼又叫"青条子"，大小如鸽，形状似燕，体长31～36厘米。它上体暗灰色，下体色淡而具黑褐色纵纹，下腹部锈红色。嘴蓝灰色，前端转黑色。这种鸟单独或成对生活，栖息在林间和田间的疏林中，常停落于高大乔木或电线杆上。它翅长似镰刀，飞行迅速而敏捷，常喜滑翔，有时也利用上升气流在空中作短暂逗留。通常在清晨和黄昏间活动频繁，活动习性和捕食方式与游隼相似，善于在空中追捕小鸟或飞虫，但也在树上和地面觅食。食物以小鸟和昆虫为主，偶尔也捕食蝙蝠。鞠躬是人类的礼节，但雌雄燕隼之间也会行这种礼节。有人常见雄性燕隼衔着食物，和雌鸟以一种踩高跷的姿态彼此走近，还不时地点着头。当雄鸟叼来的食物交给雌鸟后，它们的鞠躬仪式便结束了。燕隼在5～6月进行繁殖，自己很少营巢，大多占用鸦、鹊或其他鹰类的旧巢，每窝产卵2～4枚。国内除海南外，各省区都有分布。

灰背隼又叫"鸽子鹰"，体长28～33厘米。它的上体蓝灰色，缀以黑色羽干纹；后颈有一道棕褐色领圈，并杂有黑斑；下体白色沾棕色，胸、腹密布棕

▲ "彬彬有礼"的燕隼

褐色粗纹；尾呈圆尾状。这种鸟栖息于山区沟谷、旷野、荒漠、草原和灌丛地带。它生性凶猛，飞行迅速，常在空中追捕鸽子等鸟类，故得名"鸽子鹰"。除鸟类外，它还捕食鼠类、昆虫、蜥蜴、蛙等。灰背隼春末夏初繁殖，多占用喜鹊等旧巢，也在草原荒野地面上营巢，每窝产卵4～6枚。国内除陕西、宁夏、浙江、广东、海南、台湾外，其他省区都有分布。此鸟除我国进行保护外，也是《中日候鸟保护协定》中的保护鸟类。

▲ 灰背隼（Tim供图）

红脚隼又叫"青燕子""青鹰"。雄鸟身体几乎为石板灰色，两腿棕红色；雌鸟背部为暗灰色，具淡黑横斑，下体棕白色而有黑色斑纹，两腿棕黄色。它栖息在林区开阔地带、田间、草地等处。每年4月中旬至5月北飞时，红脚隼在上海作短暂停留，白天常见高翔在沿海的滩涂、旷野地带和郊外开阔的农田区，有时也停歇在电线杆或高大的树上。飞行时，此鸟能停在空中，以头向下频频鼓动翅膀而不滑翔，一旦发现地面有猎物，立即冲下来扑捕。直到黄昏，它们仍在空中捕捉飞虫，且边飞边鸣。食物中昆虫占90%，嗜食蝗虫、蝼蛄等害虫；也吃鼠类、小型鸟类、蜥蜴和蛇等。这种鸟在4～5月进行繁殖，多利用喜鹊的旧巢，有时会与喜鹊争斗数日，将喜鹊赶走后，侵入喜鹊的新巢。有时自己也在树顶上营巢。每窝产卵3～5枚。国内除青海、新疆、西藏、浙江、安徽、广东、台湾外，其他各省区都有分布。

红隼又叫"红鹰""茶隼"，体长约33厘米。上体砖红色，杂有三角形黑色横斑；下体棕黄色，具黑褐色斑点；尾近端有宽阔的黑色斑。它栖息于村边疏林或灌木丛以及农田旷野和林缘等地，还常见于山区裸岩地带。常在空中游荡飞翔，有时停翔在空中俯视地面，猎食时则作低空飞行，有时不断地拍打双翅在空中盘旋，探寻地面的猎物。冬天，主要吃鼠类，兼食小型鸟类；夏天，则主要啄食昆虫，也吃小型爬行动物。红隼在4～5月进行繁殖，能在多种环境里营巢。在林区营巢于树上，或巢居树洞中，但喜利用或强占鸦、鹊、鹰和松

▲ 红脚隼

▲ 红隼

鼠的巢,在争巢时与原巢主发生剧烈殴斗,结果总是红隼获胜。也在岩缝间、崩塌的河岩上筑巢。每窝产卵4～6枚。此鸟几乎在国内各省、区、市都有分布。

黄爪隼体长约31厘米。雄鸟头、颈和翅上覆羽为铅灰色,尾羽淡蓝色,有宽阔黑色次端斑和近白色端斑。雌鸟下体具宽阔纵纹和狭窄纵斑。嘴蓝灰色,脚和趾淡黄色。它栖息在旷野、荒漠草地、河谷疏林及灌丛地带,单独或成对生活,飞行速度较快。此鸟主要吃甲虫等昆虫,也食鼠、蜥蜴和小型鸟类。国内分布于内蒙古、吉林、辽宁、河北、北京、山东、河南、四川、云南等地。

猎隼体长46～51厘米。头顶褐色,有砖红色斑点,上体、两翅和尾杂有棕黄色横斑;飞羽黑褐色,内侧羽片具淡褐色斑纹;颏和喉白色,有狭而细的褐色纵纹;胸白色,腹乳黄色,有轴纹;嘴和脚黄褐色。它栖息于高山悬崖上,也常到田野林缘处捕食,能在空中快速追捕猎物。主要以鼠类和小型鸟类

▲ 黄爪隼

为食，也吃野兔、蛇、蛙等。此鸟营巢于高山悬崖峭壁顶端或树上，有时也占用旧巢。卵多为淡黄色，上有红色斑点。国内分布于东北、内蒙古、华北、西北、浙江、山东、四川、西藏等地。

猎隼常在空中快速追捕猎物
（Saumitra Newalkar 供图）▼

二 昼行性猛禽

矛隼（Elena Gaillard 供图）

矛隼体形较大，体长约50厘米。头顶白色，杂有棕色；上体褐色，具淡棕色斑纹；尾羽棕色，有9～12条污白色横斑；下体白色；嘴铅灰色；脚暗黄色。它多栖息在森林和草原，也见于水库和沼泽地带，主要以鼠类为食。国内分布于黑龙江、青海、新疆等地。

▲ 神秘的阿尔泰隼

阿尔泰隼是我们了解得最少的一种隼，它上体蓝石板色，下体肉桂赤褐色，具有点状暗斑。尾也是蓝石板色，上有暗褐色横纹。这种鸟常栖息于森林和草原地带。国内分布于青海和新疆等省区。

猛隼的个头与燕隼差不多，体长约31～36厘米。上体黑色，背中部暗灰色，有白色纵纹。中央尾羽灰白色，杂有黑色横斑；外侧尾羽的内翈具有红肉桂色横纹。喉部褐白色，下体栗红色。它栖息于森林地带，生性凶猛，以小型兽类、鸟类等为食。国内分布于云南、海南、广西等地。

◀ 猛隼（Jojonicdao 供图）

99　　　二　昼行性猛禽

# 夜行性猛禽

▲ 仓鸮头大而圆，面盘显著

# 仓鸮、草鸮和栗鸮

**仓鸮**

（鸮形目 草鸮科）

仓鸮（拉丁学名：*Tyto alba*） 中型鸟类。头大而圆，面盘明显，呈心脏形。白色，四周皱领橙黄色，上体为斑驳的灰色及橙黄色，并具精细的黑色和白色斑点。下体白色，稍沾淡黄色，具暗褐色斑点。夜行猛禽。喙坚强而钩曲。脚强健有力，爪大而锐。耳孔周缘具耳羽，有助于夜间分辨声响与夜间定位。主食鼠类和野兔。同科的草鸮和栗鸮外形与仓鸮相似。均为国家二级保护野生动物。

鸮俗称"猫头鹰",我国共有27种。其中,我国的草鸮属鸟类有仓鸮和草鸮2种,栗鸮属鸟类仅栗鸮1种,由于它们数量较少,都已列为国家二级保护野生动物。

仓鸮又叫"猴面鹰""猴头鹰"。体长约35厘米,具有典型的鸮类特征:头大而圆;面盘显著,呈心脏形,白色,周围有一个棕色环,两眼位于正前方,不像其他鸟那样生在头部两侧;上体是斑驳的灰色及橙黄色,并杂有精细的黑、白色斑点;下体白色,稍沾淡黄色,散布着暗褐色斑点。此鸮是近年来在我国发现的新记录,1960年2月4日在西双版纳海拔1 200米坝区的高大乔木林中,见到单个仓鸮在活动,胃内食物是鼠类残块;另一个标本于1978年9月1日采自昆明市一个机关大院内,它直立地栖息在一株高大的白杨树上。仓鸮的捕鼠本领很高,一旦发现猎物,便悄悄地滑行过去。接近食物时,它会突然发出尖厉的叫声,使对方顿时感到万分恐怖。这与狮、虎等猛兽捕食时的情景非常相似。据统计,一只仓鸮每年要消灭1 000只以上老鼠,本领比最厉害的猫还大。仓鸮是一种严格的夜行性鸟类,仅在寒冷的冬季和喂养幼鸟期间才偶然出现在白天。据国外报道,仓鸮在印度全年繁殖,不营巢,卵产在洞穴或建筑物的天花板内,周围是此鸟吐出的食物残块的堆积物,如不受干扰,一个营巢地可以连续使用数年。每窝产卵2～7枚,雌鸟孵卵,雌雄鸟共同育雏。

草鸮又叫"猴子鹰",体形似仓鸮,但上体暗褐色而具棕黄色斑纹,并有细小的白色斑点;面盘辉棕色并有暗栗色翎领镶边;下体黄白色,散布着许多褐色斑点。它栖息在平地、丘陵、山麓,也见于沿海芦苇中、滩地草丛中、草地或灌丛中。白天,它隐伏在茂密的草丛和灌丛中,黄昏开始活动。它最爱食鼠,靠敏锐的听觉和视觉在夜间捕食鼠类。一只草鸮在一个夏季就能捕捉老鼠1 000只左右。它一见到老鼠在田野、草原上东蹦西跳、偷吃农作物,就鼓翅往下飞扑,几乎没有一点声响就飞到老鼠的头顶上方。老鼠刚发觉,已被它的利爪一把抓住。在吞咽时,它咬住鼠头,自己的头则向上向前一下一下地冲击,很快就把猎物吞下。2～3小时后,才吐出一块块残留食块,内含不能消化的毛和骨。对较大的鼠类,它先撕裂后再食。此外,草鸮也吃昆虫、小鸟、鸟卵、小蛇和蛙等。每年9～10月是草鸮繁殖的高峰期,

▲ 草鸮（Andrew Smith 供图）　　　　▲ 栗鸮（John Gould & Henry C. Richter 供图）

此时雌雄鸟形影不离。交配前，雄鸟微张双翅，体羽蓬松，并不时发出"pu、pu"声，最后跳至雌鸟背上进行交配，一连数次。在地面有坡斜面且较为干燥的草丛中筑巢，十分隐蔽，不易发现。每窝产卵2～5枚，偶有6枚。孵卵由雌鸟单独承担，刚出壳的幼鸟十分懦弱，全靠亲鸟喂养。国内分布于安徽、浙江、江西、湖南、福建、台湾、广东、广西、贵州、云南、上海等地。此鸟是我国珍稀鸟类，嗜食鼠类，对农业生产有益。

栗鸮的外形与仓鸮相似，但稍细小，体长约29厘米。它头大，两侧有短羽簇突出，面盘浅葡萄红色；上体栗红色，有黑、白色小斑点；下体浅葡萄红色，有暗栗色小圆点。此鸟于1956年3月23日首次发现在西双版纳勐养的密林中，1958年10月7日又在广西靖西县底定乡发现此鸟。它生活在季雨林中，在黄昏及黎明前活动，曾见到二三只成小群。3～5月进行繁殖，营巢在树洞或腐朽的树桩内，每窝产卵3枚或4枚，有时5枚，雌雄鸟共同孵卵。主要以鼠类、小鸟、蜥蜴、蛙和大型昆虫为食。

# 小型鸮类——角鸮

**角鸮**

（鸮形目　鸱鸮科）

角鸮（拉丁学名：*Otus scops*）头上有角状羽束，是一种强壮、具斑驳褐色的猛禽。主食小型啮齿动物和鸟类。能适应沙漠和森林区。中国有黄嘴角鸮、纵纹角鸮、普通角鸮、领角鸮等多种。均为国家二级保护野生动物。

角鸮是小型鸮类，它们的羽冠或羽簇发达，看上去像角，面盘没有其他鸮类显著。我国有黄嘴角鸮、纵纹角鸮、普通角鸮、领角鸮等多种，因数量稀少，都已列为国家二级保护野生动物。

黄嘴角鸮的体长约18厘米，身体棕褐色，缀以精细的黑褐色或灰褐色的虫蠹细斑，肩部有一系列白色大型斑点，喙角黄色。它生活在海拔1 000～1 300米的高山绿林中，夜间外出活动，白天躲藏在阴暗的地方或黑暗的洞穴中，鸣声为连续上扬的两声哨音"xu、xu——xu、xu——"，每隔一段时间重复一次。我国分布于福建、台湾、广东、海南、广西等地，目前人们对此鸟的生态情况还了解不多。

▼ 黄嘴角鸮（JG Keulemans供图）

纵纹角鸮的体长约21厘米，上体灰褐而沾沙黄色，有精细的暗黄色虫蠹纹，下体淡黄色，有暗黄色虫蠹纹及黑色条纹。此鸟是我国十分罕见的小型鸮，于新疆西部的昆仑山脉及喀什地区有过记录。或有繁殖。1908年在新疆乌什附近采集到一只雄鸟，可能是迷鸟或夏候鸟。

普通角鸮又叫"红角

▲ 纵纹角鸮（Sumeet Moghe 供图）

鸮""夜猫子""聒聒鸟子"。体形大小与纵纹角鸮相似，比鸽子还小一些。它的头上有两簇小型耳羽，竖起时十分显著，后头部有黄白色斑。羽毛有灰色与棕栗色两个色型。常栖息在靠近水源的河谷森林中，特别喜欢在阔叶树上栖息，白天隐匿在多叶的树枝上，无甚动静，也不鸣叫，直到夜间才出来活动，从一株树飞到另一株树上，飞行迅速有力，视觉很好，能窥见很远的猎物。嗜食甲虫、蛾子、蝗虫、蝉等昆虫，也吃啮齿动物，偶尔也捕食小鸟。3～4月间，此鸟由南方迁至东北繁殖，这一时期彻夜鸣叫，叫声是"wang-gan-ge"，好似"王刚哥"。据传说，民间认为哪里有"王刚哥"的叫声，那里就有人参。还传说此鸟吃人参种子，所以又称它"棒槌鸟"。这种鸟在树洞中筑巢，内稍铺些草和树叶，每窝产卵3～5枚。我国分布于东北、河北、山东、河南、甘肃、陕西、台湾以及东南沿海一带。因为它主要以昆虫和啮齿动物为食，所以是一种农林益鸟。

领角鸮又叫"毛脚鸺鹠""光足鸺鹠"，体长21～27厘米，外貌和普通角鸮相似，只是它的后颈基部有一个显著的翎领。此鸟栖息在山地森林中，也出没于林缘。白天大多躲藏在具浓密枝叶的树冠上，或其他阴暗的地方，一动不动地栖息着，所以人们很难见到。黄昏后外出活动，直至黎明，这时经常能听到它们的鸣叫声。领角鸮以鼠类、昆虫和小鸟为食。平时多单独生活，到4～6月繁殖期成对活动，筑巢在树洞中，每窝产卵2～5枚，多为3枚。在我国它分布于东北、华北、华南、西南等地。因为主要以鼠类和昆虫为食，因而对农林业有益。

普通角鸮（Álvaro Rodríguez Alberich 供图）▶

领角鸮 ▶

▲ 雕鸮体型庞大

# 最 大 鸮 类

**雕鸮**

（鸮形目 鸱鸮科）

雕鸮（拉丁学名：*Bubo bubo*） 大型鸮。喙黑色，耳羽显著。背部羽毛暗褐，带黄色斑纹。喉部白色，下体淡褐到微黄而散缀横斑。夜间活动，主食鼠、兔等啮齿类和兔形类动物，兼吃蛙、鸟或爬行动物。分布于中国南北各地。平时在密林中休息，缩颈闭目，但听觉灵敏，稍有惊动即伸颈张目。为国家二级保护野生动物。

雕鸮是鸮类中最大的种类之一，我国有雕鸮、林雕鸮和乌雕鸮3种，均为国家二级保护野生动物。

雕鸮又叫"鹫兔""恨狐""怪鸱""角鸱"和"老兔"，它像雕那样个头很大，体长约66厘米，体重约4 000克。全身羽毛大多黄褐色，头两侧耳羽尖长发达。栖息在山地森林、裸露的岩石丛中或峭壁上，在西藏栖息地可高达海拔4 500米。通常，它白天在密林中休息，缩颈闭目，一动也不动，但它的听觉灵敏，稍有惊动，立即伸颈张目，在原处转动1～2周，观察动静，并随时准备飞走。一到黄昏，它们分别从栖息地飞出，飞行时缓慢地大幅度扇动两翅，飞速不快，没有声音。此鸟主要以鼠类为食。有人还进一步作过食性分析，在它吃下的鼠类中，在农田数量最多而为害最大的黑线姬鼠占80.3%。据说，体重比它重3倍多的獐子，被它抓住后也成了它的果腹之物。

雕鸮一般在3～5月进行繁殖。开始时，成对的雌雄鸟在拂晓或黄昏时互相追逐戏耍，并不时发出互相召唤的鸣声。3～5天后进行交配，交配前叫声更为频繁。交配时先用嘴互相整理羽毛，并用嘴作亲吻状，这时雄鸟不断发出"gu——gugugu——gugugu——gu"的叫声，雌鸟也伴随着发出"xi——xixixi——xixixi——xi"的声音，反复约5分钟左右，雄鸟便跳到雌鸟背上，雌鸟下蹲展翅进行交配，并反复发出"gugugu——xixi——gugu——xixixi"的低鸣声。1～2分钟后，交配完毕，雄鸟从雌鸟背上跳下，微蹲一旁，雌鸟抖动全身羽毛后用嘴轻轻地啄几下雄鸟，然后共同活动。交配后约一周左右，雌鸟开始筑巢，巢多筑在悬崖峭壁伸出的石下低洼处，趴土坑成浅盘状巢，内无铺垫物，每窝产卵3～5枚，多为3枚。

雕鸮在我国分布较广，几乎遍及全国。它是一种珍稀大型鸟类，又嗜食多种鼠类，兼吃昆虫，虽有时也啄取小鸟和蛙，但数量很少，对人类有益。

林雕鸮又叫"林鹰鸮"，外貌与雕鸮相似，但体形稍小，头顶上有显眼的耳簇羽。上体深褐色，下体皮黄色，腹中央白色。此鸟是典型的林栖鸟类，在四川栖息于海拔2 000～3 000米左右的常绿阔叶林中，在云南河口则栖息在海拔580米的热带雨林里。白天它隐匿在茂密的树枝叶丛内，黄昏才出来活动和觅食。以鸟、小兽、蛇、蜥蜴和鱼等为食。每窝仅产一卵，常产在树洞中，或

▲ 林雕鸮（Cedricguppy-Loury Cedric 供图）

利用鹰类旧巢和峭壁上的裂隙。我国仅分布于四川和云南,为罕见的留鸟,数量十分稀少。

乌雕鸮的外貌似雕鸮,但体形较前面两种鸮稍细小,体羽大多为灰褐色,栖息时头顶上耳簇羽竖起,几乎互相靠近。国内仅分布于浙江建德及江西南昌,十分罕见,对它的各种生活习性,报道鲜见。在印度,此鸟除中午时间外,白天几乎和夜间一样,都在自由活动和捕食。常在水源比较丰富的森林地区和荒漠地区活动,以鸦类、蛙、蛇、蜥蜴为食,偶尔也吃鸟蛋,甚至猎食箭猪。乌雕鸮每年11月至次年2月进行繁殖,少数在3～4月产卵,占用鹰类旧巢或在大树的树杈上筑巢,每窝产卵2枚。

▲ 乌雕鸮(J. M. Garg供图)

# 嗜食鱼类的渔鸮

**毛腿渔鸮**

（鸮形目 鸱鸮科）

毛腿渔鸮（拉丁学名：*Bubo blakistoni*） 中国有3种渔鸮：毛腿渔鸮、褐渔鸮和黄腿渔鸮。毛腿渔鸮通体大都暗褐色，具黑色羽干纹。夜行性，白天多隐藏在河边的树上或河流沿岸的悬崖上，黄昏和夜晚出来活动，主要以鱼类为食，也吃喇蛄、虾、蟹等水生动物。为国家一级保护野生动物。

　　渔鸮是大型鸮类，我国有3种渔鸮，它们是毛腿渔鸮、褐渔鸮和黄腿渔鸮，因数量不多，都已列为国家一级和二级保护野生动物。

　　毛腿渔鸮又叫"巴君之雕鸮"，是一种大型夜行性鸮类，外貌与雕鸮非常相似，体羽灰褐色。国内仅分布在东北哈尔滨及内蒙古呼伦贝尔市，栖息于森林中溪流水域，主要以鱼类为食，也吃蝲蛄等其他水生动物。多在夜间活动，猎食时站在浅水中，或躺在水边等待猎物。繁殖期在3～4月间。求偶炫耀行为同其他鸮一样，但粗犷的鸣叫声却非常频繁，在水边的林中不断回响。巢多置于树洞或倒木下地上，可多年利用。每窝产卵2枚，卵污白色，表面光滑无斑。

　　褐渔鸮又叫"酱色渔鸮"，是一种大型鸮类，外貌与毛腿渔鸮相似，但体羽是棕褐色的。栖息在近水源的密林中，有时成对栖于枝叶稠密处。此鸟是半昼行性鸮类，下午以后常出现在栖息地。捕食时，它常在水面上飞翔搜索猎物，有时甚至掠过水面，把猎物从水中抓出来，主要以鱼、蛙等为食。我国分布于广东、海南、广西和云南。

　　黄腿渔鸮的体形像褐渔鸮，但稍大，上体较多橙棕色，下体橙棕色更多，喉部有一个白色大喉斑。此鸟在秦岭山地栖息于海拔1 600米左右的栎林中，在台湾分布于海拔1 000米以下近溪流的林区中。主要在黄昏时活动和觅食，有时也在白天活动和猎食。常栖居在高高的树枝上，俯视水面，一见有鱼游动，立即向下猛扑，用锐利的爪子抓取猎物。除了食鱼外，它还吃蛙、鸟、蟹、蜥蜴、昆虫和啮齿动物。国内分布于甘肃、陕西、江苏、安徽、浙江、湖北、台湾、广东、四川、贵州等地。

▲ 毛腿渔鸮（Gin_tonic 供图）

▲ 褐渔鸮主食鱼、蛙等
（Hedayeat Ullah 供图）

◀ 黄腿渔鸮的喉部有白色大喉斑

# 雪鸮和猛鸮

**雪鸮**

（鸮形目　鸱鸮科）

雪鸮（拉丁学名：*Bubo scandiacus*）头圆而小，面盘不显著，没有耳羽簇。嘴的基部长满了刚毛一样的须状羽，几乎把嘴全部遮住。嘴铅灰色或角褐色，爪基灰色，末端黑色。通体为雪白色，有时也布满暗色的横斑。主要以旅鼠、雪兔为食。中国分布于黑龙江、新疆、河北等地。与同科的猛鸮同为国家二级保护野生动物。

《哈利·波特》在全世界的风靡，使雪鸮这种原本已很稀少、很少有人关注的鸮类，一下子成了人们的新宠。在影片中，哈利·波特饲养的纯白色鸮类"黑美"凌空飞下，将信件交到哈利·波特手中。电影中的这个场景让许多哈利·波特迷羡慕不已，并萌生自己也拥有一个飞天信使的念头。

雪鸮又叫"白鸮""白夜猫子"，是一种大型鸮类。全身羽色几乎全是白的，仅肩羽、胁部有浅褐色横斑，上体及翅上有稀疏的浅褐色斑点。此鸟是北极苔原地区留鸟，主要以旅鼠、雪兔为食，在食源缺乏时，也猎食其他啮齿动

▼ 雪鸮（David Syzdek 供图）

物和鸟类等。一般鸮类在夜间捕食,而雪鸮可以在光天化日下活动,这是因为北极夏天的24小时都是白天,冬天的24小时几乎全是漫漫长夜,在这些地区生活的鸮,必须学会在大白天或不太黑的时候捕食,否则是活不下去的。雪鸮在我国为冬候鸟,1916年12月16日在河北秦皇岛猎获过一只雌鸟;1969年4月在新疆巴里坤的天山上,曾见到它在海拔3 000米的针叶林上活动。据说,此鸟在我国夜间觅食,除吃鼠、鸟外,也捕食昆虫和野兔。雪鸮没有真正的巢,一般在地面凹陷处,或岩石基部低洼地产卵,每窝产卵3～11枚,数目随食物丰富与否而定。国内分布于黑龙江、新疆和河北等地,已列为国家二级保护野生动物。

猛鸮又叫"鹰鸮",中等体型,外貌似隼。上体灰褐色,杂有白色斑纹;下体白色,具褐色横斑;头小,面盘不显著,没有耳簇羽;尾长,呈凸尾状。栖息在针叶林和针阔混交林中,飞行迅速,且不发声。它在黄昏或黎明前捕食,捕食时站在较高的树枝上,见有猎物即向下猛扑,或者在近地面上空疾飞,一下子扑向猎物,或者在高空中滑翔,发现猎物后就向下猛扑。由于它性凶猛、视力好、动作快,猎食往往十拿九稳。主要以啮齿动物为食,也吃鸟类和昆虫。在欧洲,此鸟在3月底至5月初繁殖,每窝产卵3～12枚,数目随食物丰富与否而定,孵卵由雌鸟担任。它的繁殖情况,在国内没有报道。国内分布于黑龙江、吉林、内蒙古和新疆,已列为国家二级保护野生动物。

▼ 猛鸮外貌似隼(Kora27供图)

# 小 型 鸮 类

**领鸺鹠**

（鸮形目 鸱鸮科）

领鸺鹠（拉丁学名：*Glaucidium brodiei*） 中国最小的鸮类。面盘不显著，没有耳羽簇。上体为灰褐色而具浅橙黄色的横斑，后颈有显著的浅黄色领斑，两侧各有一个黑斑。下体为白色，喉部有一个栗色的斑。主要以昆虫和鼠类为食，也吃小鸟和其他小型动物。中国有领鸺鹠、斑头鸺鹠和花头鸺鹠3种。分布于华北、华东、西南、华南等地。均为国家二级保护野生动物。

鸺鹠属于小型鸮类，我国有领鸺鹠、斑头鸺鹠和花头鸺鹠3种，因数量稀少，都已列为国家二级保护野生动物。

领鸺鹠又叫"小鸺鹠""衣领小鸮""鸺鹠"，是我国最小的鸮类，体长仅15厘米左右。它的上体灰褐色，具浅橙黄色横斑，后颈上有浅黄色领圈，肩部有两条白色纵带；下体白色，两胁有宽阔的棕褐色纵纹及横纹。这种鸟通常栖息在山地密林中，平原、丘陵树林间，河边或溪边茂密的乔木上，尤喜在背阴山沟的密林丛中，多单独静息在树丛的中下部，离地面不高处。此

▲ 领鸺鹠（Prateik Kulkarni供图）

鸟不怕阳光，中午时也进行活动和觅食，能在阳光下自由飞翔，飞行时常急促地拍打翅膀，然后滑翔一段距离，飞行速度缓慢而无声响。它也在黄昏时活动，但不像一般鸮类那样限于夜间。常在夜晚鸣叫，叫声几乎整夜不停，音似"嘭嘭嘭"，白天有时它也鸣叫。领鸺鹠是一种勇猛的小型鸮类，常常袭击和猎取几乎与它一样大小的猎物，主要以鼠类、小鸟和昆虫为食。栖息时，它常常

摆动尾羽,从一侧到另一侧。领鸺鹠在4～5月进行繁殖,营巢在高大乔木的树洞里,或强占拟啄木鸟或啄木鸟的巢,每窝产卵3～5枚,多为4枚。国内分布于华北、华东、西南、华南等地区。

斑头鸺鹠又叫"横纹鸺鹠""猫王鸟",这虽然也是一种小型鸮类,但在3种鸺鹠中它的个头最大,体长约有25厘米。它的上体、头和颈的两侧及翅膀表面都呈暗褐色,并密布白色横斑。喉部有一个明显的大型白色斑块。没有耳簇羽。这种鸟常栖息于丘陵、平原地区的丛林中,村庄附近的树上尤为多见。由于分布地区不同,栖息高度也有差异。在云南南部多栖居在海拔670～1 200米左右地区,在滇西可上升到海拔2 000米,在西藏东南部仅见于海拔900米左右的阔叶林内,在秦岭南坡见于海拔780～1 000米左右的阔叶林中。此鸟单独或成对栖居,虽夜间活动频繁,白天也外出活动,在强烈阳光下也能飞行自如。它经常在林中飞行,并发出响亮的叫声,数里之外也能听到。它的食物以昆虫和鼠类为主,兼吃小鸟、蛙、蜥蜴、蜈蚣等,也食少量植物。斑头鸺鹠的猎食本领较高,能像鹰那样在空中捕捉小鸟和大型昆虫。它筑巢于高大的树洞中、建筑物的墙洞里或仓库破损的夹缝中,偶尔也利用喜鹊的废巢。一般每窝

▼ "登高望远"的斑头鸺鹠

▲ 花头鸺鹠的喙爪强健有力（Jyrki Salmi 供图）

产卵3枚或4枚，但在广西梧州曾采到过一窝8只幼鸟。在国内，此鸟分布于甘肃、陕西、河南、安徽、广东、广西、四川、贵州、云南、山东、西藏和上海等地。

  花头鸺鹠又叫"横纹小鸮""鸟丫环"，是一种小型鸮类。它的头较细，头顶有密而细的小斑点，面盘发育不全，无耳簇羽，上体灰褐色，有浅色斑点和横纹，下体白色杂有褐色条纹。此鸟主要栖息在针叶林或针阔混交林中的开阔地区，一般夜间活动，白天多躲藏在阴暗的地方。栖息时，它常不停地向上翘起尾羽，站在高枝上眺望。性凶猛，喙爪强健有力，偶尔能捕猎比自身大得多的猎物。它主要以啮齿动物和鸟类为食，也吃昆虫、蜥蜴等。花头鸺鹠在4～5月进行繁殖，营巢于树洞，或利用啄木鸟的旧巢，每窝产卵3～7枚，偶尔可产9枚，由雌鸟孵卵。国内仅分布于黑龙江、河北等地。

▲ 鹰鸮外貌似鹰，晚上活动

# 鹰鸮和纵纹腹小鸮

**鹰鸮**

（鸮形目　鸱鸮科）

鹰鸮（拉丁学名：*Ninox scutulata*）外貌似鹰，"面盘"不显著。体羽主要为褐色或红棕色。主食昆虫和虫卵。在日本和朝鲜半岛中部与南部，以及中国东部繁殖。与同科的纵纹腹小鸮同为国家二级保护野生动物。

鹰鸮与小鸮分别属于鹰鸮属和小鸮属。前者共有16种，我国只产1种，即鹰鸮；后者共有3种，我国也只产1种，纵纹腹小鸮。这两种鸮都已列为国家二级保护野生动物。

鹰鸮又叫"褐鹰鸮""酱色鹰鸮""青叶鸮""乌猫王""鹞形猫王"，它外貌似鹰，没有显著的面盘和翎领。体背深褐色，没有斑纹。胸、腹部黄白色，有深褐色纵斑。尾淡褐色，有5条黑褐色带状横纹。它栖息于任何类型的树林里，也见于有高大树木的居民区。此鸟白天蜷缩身体，躲藏在大树枝叶茂密处，晚上出来活动，常从树丛中突然飞出，捕食空中飞行的昆虫，有时在追捕时会闯入居民室内。主要以昆虫、虫卵为食，也吃鼠、蛙、小鸟、蜥蜴等，偶尔也捕捉蝙蝠，还啄食少量草籽。鹰鸮在4月上旬开始繁殖，巢筑在天然的树洞中，每窝产卵3～5枚。国内分布于东部及南部，从黑龙江、辽宁东部，西南到云南、四川，东至台湾等广大地区。

纵纹腹小鸮又叫"小鸮""北方猫王鸟""东方小鸮"，个头较小，体长约23厘米。它的头扁而小，没有耳簇。上体沙褐色或灰褐色，缀以白色斑点。下体棕白色，杂有褐色纵纹。常栖息在开阔的林缘地带，也在农田附近的大树上栖息。这是一种能白天活动的小型鸮类，有人曾剖开它的胃分析其食物成分，昆虫占50.9%，鼠类占43.6%，其他动物（如小型爬行动物）占5.5%。此鸟筑巢于废弃住房的屋檐下和洞穴中，每窝产卵2枚。国内分布于东北、华北、西北、西南、华东等地。

▲ 纵纹腹小鸮（Andy Morffew 供图）

# 中大型鸮类

**褐林鸮**

（鸮形目　鸱鸮科）

褐林鸮（拉丁学名：*Strix leptogrammica*）夜行猛禽。一种大型鸮类。体羽大多栗褐色，喙坚强而钩曲。脚强健有力，爪大而锐。耳孔周缘具耳羽，有助于夜间分辨声响与夜间定位。生性机警而胆怯。主要以啮齿类为食，也吃小鸟、蛙、小型兽类和昆虫，偶尔在水中捕食鱼类。为国家二级保护野生动物。

　　林鸮是一类中型和大型鸮类，我国有褐林鸮、长尾林鸮、灰林鸮和乌林鸮4种，因数量稀少，都已列为国家二级保护野生动物。

　　褐林鸮又叫"木鸮""森鸮"，是一种大型鸮类，体长约50厘米。全身羽毛大都栗褐色，有白色或棕白色眉纹。它栖息在山地森林中。白天很少活动，栖居在茂密的树林内，多蹲伏在树冠顶部。此鸟生性机警而胆怯，稍有惊动，即迅速飞逃。傍晚和夜间出来觅食，主要吃鼠类和鸟类。褐林鸮筑巢于天然的树洞中，每窝产卵1～2枚。国内分布于东北、华北、华南、西南等地。

　　长尾林鸮又叫"东方乌拉山鸮"，也是一种大型鸮类。这种鸟全身的羽毛

▼ 褐林鸮（Prateik Kulkarni 供图）

大多为浅灰色或灰褐色，有暗褐色条纹。尾羽较长，稍呈圆形。此鸟栖息在针叶林和针阔混交林中，偶尔也见于林缘，喜单独活动，飞行较快而无声音，飞翔时呈大波浪状，一般飞行距离不远，在50～60米左右。它不是绝对的夜行性鸮类，有时白天也在林中空地或林缘活动和觅食。猎食时，这种鸟多栖在高枝上，静待猎物经过，然后进行突然袭击。主要以鼠、兔为食，也吃鸟、蛙和昆虫。长尾林鸮在4～5月进行繁殖，筑巢于树洞中，每窝产卵2～4枚。国内分布于东北、内蒙古、青海、四川等地。

▲ 长尾林鸮（Alpsdake供图）

灰林鸮又叫"森鸮""木鸮"，是一种中型鸮类。它头圆，没有长耳簇羽。上体暗灰色，呈棕、褐斑杂状。下体白色或皮黄色。栖息于山地密林地带，也到山谷溪流地区、林缘灌木丛中活动。此鸟是夜行性鸟类，白天一动不动地直立在靠近树干的浓密叶丛的粗枝上，看起来仿佛是一根枯死的枝杈，不易被发现。黄昏时开始觅食，在猎食时，它栖在枝头上，用视觉和听觉发现猎物，然后猛扑过去猎取。如果是全黑的夜间，它就靠听觉来辨别猎物的方向。以鼠、鸟、蛙等为食，偶尔也会从水中抓食鱼类。在国内，灰林鸮分布于东北、华北、华南、西南等地。

乌林鸮是一种大型鸮类，体长65厘米左右。它头大，面盘圆形，头顶没有耳簇羽。全身羽毛蓬松，使身子显得更大。它上体通常为灰褐色，有暗色和白色斑点。下体白色或灰白色，有宽阔的褐色长条纹。此鸟栖息在针叶林和针阔混交林中，有时也在沟谷杂木林中活动。飞行迅速无声，常停落在高大乔木顶端的树枝上，以鼠类为食。此鸟与其他林鸮不同，从不在洞中营巢，筑巢于高大的乔木顶端的树枝上，或利用其他鸟的旧巢。如果利用旧巢，仅以原有材料进行加固，从不增添新材料。每窝产卵4枚。国内仅分布于黑龙江和内蒙古。

▼ 灰林鸮（Andreas Trepte 供图）

▲ 乌林鸮（Jonathan Queutois 供图）

# 长耳鸮和短耳鸮

**长耳鸮**

（鸮形目 鸱鸮科）

长耳鸮（拉丁学名：*Asio otus*） 鸱鸮科耳羽簇长，位于头顶两侧，竖直如耳。面盘显著，棕黄色，皱翎完整，白色而缀有黑褐色。上体棕黄色，以小鼠、鸟、鱼、蛙和昆虫为食。对于控制鼠害有积极作用，被称为"捕鼠能手"。与同科的短耳鸮同为国家二级保护野生动物。

　　耳鸮是中型鸮类，全世界共有5种，我国仅产长耳鸮和短耳鸮2种，因数量稀少，都已列为国家二级保护野生动物。

　　长耳鸮又叫"夜猫子""长耳木兔""有耳麦猫王""虎鸸""彪木兔"，体形中等，体羽棕黄色，面盘发达，耳羽显著，竖立似耳状。长耳鸮的长耳徒有虚名，它并无驴、兔那样的外耳郭。所谓的长耳只是一对长长的耳羽，这对耳羽并不起听觉的作用，而是用来向自己的同类报警的。长耳鸮栖息于山地森林中，也常落在村边、耕地附近的乔木上。此鸟喜欢3～6只或十多只小群活动，白天隐伏在树干近旁的树枝上或林中空地的草丛中，黄昏时离开树丛或草丛外出觅食，彻夜不归，直至黎明才返回栖息地。此鸟嗜食鼠类，也吃少量鸟类，人们称它为"捕鼠能手"。分析长耳鸮在武汉珞珈山越冬期的食性，有害动物占取食总量的89.3%，其中主要是黑线姬鼠；在山东德州地区，黑线仓鼠占66.2%，小家鼠占11.3%，黑线姬鼠占9.9%，鸟类仅占2.8%；在上海地区，黑线姬鼠占83.7%，沟鼠和小家鼠占5.7%，鸟类占6.8%，麝

▼ 长耳鸮

鼩占3.8%。一只长耳鸮，冬季平均每天捕杀2～3只鼠类。长耳鸮在4～6月进行繁殖，筑巢于杂草丛生的沙丘上、开阔沼泽的地面上、松树上，或利用其他鸟的旧巢，每窝产卵4～8枚不等。国内分布于黑龙江、辽宁、内蒙古、青海，冬季几乎遍布全国各地及台湾省。此鸟除我国进行保护外，也是《中日候鸟保护协定》中的保护鸟类。

短耳鸮又叫"仓鸮""枭鸮""小耳木兔""田猫王""短耳猫""头鹰"，体形大小似长耳鸮，但面盘较小，头旁耳羽不显著。它体色较明淡，只有纵斑，没有横斑。栖息于针阔混交林和阔叶林中，也见于林缘、沼泽地、草地等处。越冬期它爱集成小群，白天也能活动，但在阳光下飞行很不稳当，跌跌碰碰，只有到夕阳西下，夜幕降临时才显出英雄本色。多在夜间觅食，主要捕食鼠类，也食小鸟和昆虫。飞行缓慢，叫声低缓，略似"kau-kau"。短耳鸮在4～6月进行繁殖，筑巢在沼泽地附近的草丛中，用草营巢，每窝产卵3～8枚，食物丰富时可多达11枚。国内几乎遍布全国。此鸟除我国进行保护外，也是《中日候鸟保护协定》中的保护鸟类。

▼ 短耳鸮耳羽不显著

▲ 益鸟鬼鸮

# 令人恐惧的鬼鸮

**鬼鸮**

（鸮形目 鸱鸮科）

鬼鸮（拉丁学名：*Aegolius funereus*） 雌雄羽色相同。额、头顶及枕部褐色，有白色椭圆斑。面盘白色，外侧羽缘褐色。胸以下为白色，有褐色纵斑。翅褐色。鸣声多变如笛。主要栖息于草原、沼泽、苔原附近的针叶林和针阔混交林内，主要以鼠类和昆虫为食，也吃鸟类和蛙类。为国家二级保护野生动物。

全世界共有4种鬼鸮，其中有1种产于我国，名叫鬼鸮，因数量稀少，已列为国家二级保护野生动物。

鬼鸮这一名称象征着悲哀和丧葬。它的体形大小似小鸮，体长约25厘米。面盘白色；上体朱古力褐色到灰褐色；头顶和背部有白色斑点；下体白色，杂有褐色斑纹；尾羽暗褐色，具白色横斑或点斑。它那圆圆的面部，永远露出一种对什么都感到惊诧的表情。这种鸟鸣声多变如笛，每隔几秒钟重复一次，不断地交替变化，给人以一种阴森森的恐怖感。不过，鬼鸮是一种益鸟。它多栖息在针叶林和针阔混交林中。白天隐匿于树顶上枝叶茂密处，或者树洞内。夜间出来捕食，主要以鼠类和昆虫为食，也吃鸟类和蛙类。鬼鸮筑巢于树洞中，或利用啄木鸟的弃巢，每产一卵有1～3天的间隔，正常的一窝卵是3～6枚，有时可多达10枚。由雌鸟负责孵卵，从产第一个卵就开始伏巢孵卵。雏鸟的孵出早晚，与产卵的先后有关。因此有强雏与弱雏之分，早孵出的雏鸟较后孵出的发育良好。国内仅分布于黑龙江、甘肃、新疆等地。

# 四

# 擅长攀缘的鸟类

▲ 绯胸鹦鹉鸣声响亮

## 口舌灵巧的鹦鹉

**绯胸鹦鹉**

（鹦形目 鹦鹉科）

绯胸鹦鹉（拉丁学名：*Psittacula alexandri*） 中国最常见、数量最多、民间广泛饲养的一种鹦鹉。典型的攀禽。鸟喙强劲有力，喙钩曲，上颌具有可活动关节。脚短，强大，对趾型，两趾向前两趾向后，适合抓握和攀援生活。上体绿色，颊白色，喉和胸葡萄红色或砖红色。啄食坚果、浆果、其他果实或嫩枝、芽，也到田间啄食谷物。口舌灵巧，能念人名、背数字，学会简单的词语。为国家二级保护野生动物。

对于美国女心理学家爱伦·皮普伯格来说，2007年9月6日是非常不幸的日子。这一天，她驯养和研究了30年的灰鹦鹉爱列克斯悄然离世了。在爱伦的培养下，爱列克斯成了最聪明的鸟、耀眼的动物明星，它学会了人类的语言，并能与人对话。因而，它的去世使世界各地爱列克斯的"粉丝"们悲痛不已。

鹦鹉是一类受人宠爱的观赏鸟。它不仅羽毛美丽，有红色、黄色、绿色，还有白色、紫色……而且形态别致。鹦鹉的喙和老鹰一样，像个钩子，可以用来勾住东西、帮助攀缘。它腿短，脚趾两前两后，既不便于行走，也不便于跳跃，需要用喙帮助运动。更令人喜爱的是，鹦鹉口舌灵巧，能念人名，能背数字，还能学会简单的话，这就是人们平时说的鹦鹉学舌。

产在我国的鹦鹉有绯胸鹦鹉、大绯胸鹦鹉、红领绿鹦鹉、花头鹦鹉、灰头鹦鹉、长尾鹦鹉、短尾鹦鹉等9种，由于野生数量不多，均已列为国家二级保护野生动物。

绯胸鹦鹉又叫"鹦哥""莺哥"。它的主要特征是，体色上绿下红，额上有黑色带斑伸至两眼，翅下覆羽绿色，喙珊瑚红色。这是我国最为常见、数量最多、民间广泛饲养的一种鹦鹉，栖息于海拔并不很高的山麓常绿阔叶林中，白天常十多只或数十只成群在树上啄食坚果、浆果、其他果实或嫩枝、芽，有时也到田间啄食谷物。夜间它栖于树上，常与八哥、鸦类等混群。在攀行时，此鸟喙足并用，上下不停。它沿直线飞行，速度很快。这种鹦鹉会发出"gahgah"声，是我国7种鹦鹉中鸣声最响亮的，叫声粗厉，好像高音喇叭发出的声响。

绯胸鹦鹉羽色艳丽，善于模仿人言，又容易饲养，为理想的笼鸟之一，国内外饲养很多。1988年，上海电视二台《科技之窗》播放"鸟学舌"比赛节目，其中参赛的绯胸鹦鹉，不仅会向评委举足致谢，还能十分清晰地说出"你好""饭吃过吗""阿姨""林妹妹来了"等许多的人言，令观众啧啧称奇。

在我国，这种鹦鹉分布于西藏东南部、云南西南部至东南部、广西西部和南部以及海南。

大绯胸鹦鹉，又叫"四川鹦鹉""大紫胸鹦鹉"，体色和头上黑斑，很像绯胸鹦鹉，但个头大得多，胸腹部羽毛为浅灰蓝紫色，是国内最大的鹦鹉。它栖息于海拔2 000～3 000米的森林中，常30～50只集成大群活动，以球果种子、其他种子、坚果等为食。在云南有人曾见到20～30只鹦鹉在一棵核桃树上啄食核桃，3小时内将这棵树一半以上的果实都吃光了。在西藏察隅松林间有人发现它们剥落的大量松果皮，剖开这种鹦鹉的胃见有松籽等植物种子。

▲ 大绯胸鹦鹉（Michael Vito 供图）

在我国，大绯胸鹦鹉分布于西藏东南部以及四川西至西南部，云南西北部德钦至南部西双版纳、东部昆明，广西龙州。由于它羽色艳丽、姿态优美，且能仿效人言，所以人们常用金属制成的鸟笼进行饲养，以供观赏。

红领绿鹦鹉又叫"粉红领鹦鹉"。它的主要特征是头部辉绿色，雄鸟有玫瑰红的领纹。据报道，这种鹦鹉在香港很多，是从外地引入的。它们的生活很有规律，每天早上7时及下午5时飞至庭院中的大榕树上（下午有时不来），5月末可见到成鸟与幼鸟在一起。它们常在香港留居，出没于城乡园林、耕地周围林木茂盛的地方、山麓疏林等。常十多只为群活动，有时与灰喜鹊、八哥混杂一起；一早一晚声音嘈杂，叫声响亮。在珠海市万山群岛山麓开阔地的疏林附近，也可见到这种鹦鹉在盘旋飞翔，发出"gag——gag"似的连续叫声。它们飞得很高，有时会突然降落到地上。此鸟以谷物、木棉花及其他浆果为食。

2～4月是红领绿鹦鹉的繁殖期。求爱时，雌雄鸟双翅作半张开姿势，头不时地从一侧向另一侧转动，雄鸟更是如此。它们筑巢地广泛，有的利用自然树洞，有的利用啄木鸟废弃的巢洞，有的利用旧墙垣、楼房的缝、洞中作巢，也有自己啄开树洞营巢，自开的树洞入口很工整，直径约50毫米。每窝产卵4～6枚。

在我国，红领绿鹦鹉分布于广东珠海万山群岛及附近沿海一带等地。这种鸟羽色美丽，可作观赏鸟，在我国很少见，应予保护。

红领绿鹦鹉(Dennis Jarvis 供图)

花头鹦鹉

灰头鹦鹉（Sumita Roy Dutta 供图）

花头鹦鹉的个头较绯胸鹦鹉稍小，雄鸟头红色，雌鸟头蓝灰色，有蓝色花斑，胸、腹和翅下覆羽都是绿色的。这种鹦鹉常见于低山和平原地带，特别爱在耕地周围的林木集群活动，以种子、浆果、坚果、花瓣、叶芽等为食，也吃谷物，尤喜食榕果、枣类核果等。在树洞、建筑物墙洞等处营巢繁殖，通常每窝产4～6枚卵。

在我国，花头鹦鹉分布于云南腾冲及广西、广东，但十分罕见，至今还没有标本收藏记录，有人怀疑我国可能没有这种鸟。

▲ 长尾鹦鹉（Lip Kee供图）

灰头鹦鹉的额上没有黑色带斑，雌雄鸟头部都为铅灰色，胸部不是红色的。春夏季常单独或成对活动于山谷雨林、山坡疏林的阔叶树上，秋冬季节则集群，一般数十只，到山林边缘地带多野果的树上、耕地等处活动和觅食。主要吃无花果、其他野果和种子，也吃玉米等谷物。有人还在它的胃中发现了昆虫碎片。鸣声很尖，有时也发出多变的、较柔和且富于音乐性的似细语声。

在我国，这种鹦鹉分布于四川西部康定及南部会东，云南西北部、西部以至东南部。

长尾鹦鹉又叫"红颊鹦鹉"，它的头顶呈绿色或暗红色，头侧及后颈为红色，体羽绿中显蓝色，尾尖而长。白天活动于热带雨林的阔叶树上，夜间集群栖于树上或竹丛。它沿直线飞行，速度很快。这种鹦鹉会发出快速、反复而带颤音的尖叫声。以种子、浆果、坚果、花瓣、花蜜、叶芽等为食。2月起在树洞中产卵，每窝产卵2枚或3枚。

在我国，长尾鹦鹉分布于四川，但是否存在尚有疑问。巴西是世界著名的养鸟国家，在普通居民家庭里，常可看到一只长尾鹦鹉站在餐柜后面。客人进门时，它会致欢迎词："你好！""欢迎你！""请坐！"

短尾鹦鹉又名"倒悬鹦鹉"，个头小，尾较翅短，喙较细削，腰下有朱红色斑块，雄鸟喉部有蓝色斑块。它出没于平原或低山地带的林木茂盛处及耕地的植物丛中,尤其爱在多花的树木上活动,一般成小群,开花时结较大群活动。它们在花枝上常垂直倒悬着,啄取花朵,因而叫它"倒悬鹦鹉"。此鸟在树冠周围觅食时动作十分灵活,往高处树枝飞去时常按螺旋形绕树而上。有时它们会突然在树顶上的空中周围打转,并大声鸣叫,一会儿又全部回到树上继续啄食。这种奇特的行为,往往使人琢磨不透。这种鹦鹉以果实、花蜜、竹及种子等为食,也到果园啄食番石榴、枇杷等果实。飞行时,它会发出"chee—chee—chee"的尖叫声或者"tsit—tsit"的颤声;吃食时偶尔发出柔和的似窃笑之声。此鸟1～4月在树洞中繁殖,每窝产卵2～4枚,雄鸟大多不参加营巢和育雏等工作。

在我国,短尾鹦鹉分布于云南西盟山、广东,数量极少。

▼ 短尾鹦鹉爱啄取花朵(Tareq Uddin Ahmed 供图)

# 能灭虫的鸦鹃

**褐翅鸦鹃**

（鹃形目 鸦鹃科）

褐翅鸦鹃（拉丁学名：*Centropus sinensis*）嘴粗厚、黑色，尾长而宽。通体除两翅、肩和肩内侧为栗色外全为黑色。栖息于低山丘陵和平原地区的林缘灌丛、稀树草坡、河谷灌丛、草丛和芦苇丛中，单个或成对活动，从不集群。善于隐蔽和行走，拙于飞翔。主食动物性食物，有时还吃一些杂草种子、果实等植物性食物。为国家二级保护野生动物。

鸦鹃和杜鹃同属杜鹃科，我国共有2种鸦鹃，即褐翅鸦鹃与小鸦鹃。它们数量不多，且能灭虫，对农业有益，所以都列为国家二级保护野生动物。

褐翅鸦鹃又叫"大毛鸡""毛鸡""红毛鸡""黄蜂""乌鸦雉"，个头稍大于家鸽，体长约50厘米，体羽黑色，两翅红褐色，翼下覆羽黑色或灰褐色。这种鸟栖息于低山坡、平原村边的灌木丛、竹丛、草丛、芦苇丛中，尤其喜在近水源的地方。多在地面活动，也到矮树桠上，早上和黄昏常在芦苇顶上晒太阳。它单独或成对活动，从不集群。此鸟善于隐蔽和行走，拙于飞翔。受惊或遇险时，立即快速奔入丛莽中，或者飞离几十米远又降落在矮树上。它们的叫声单调、深沉，似"hum、hum、hum、hum"之音，好像远处的狗吠声，数里外也能听见。4～9月是繁殖期，雌鸟此时的鸣声似母鸡的"gege"声。它们筑巢在草丛或灌木丛中，满窝卵5枚，幼鸟出壳就能在地上爬行，见人则迅速钻入草丛中，一周后能离巢学飞行。

▲ 褐翅鸦鹃

四 擅长攀缘的鸟类

褐翅鸦鹃是一种杂食性鸟，主要吃动物，也吃植物。有人经过剖胃食性分析，内含物60%～90%为昆虫，其中大多是害虫，特别是蝗虫，植物性食物只占12%，可见这种鸟是灭虫能手，对人类有益。此外，驰名中外的毛鸡酒就是用这种鸟作原料制成的，用其全鸟浸泡而成的毛鸡酒有较好的药用价值，具祛风、驱风湿、治手脚麻痹及妇女产后活血补身等功效。

在我国，这种鸟分布于浙江宁波、福建、贵州极南部、广东、广西、云南和海南。由于过去对它利用过甚，所以数量逐渐减少，现在应该进行保护。

小鸦鹃又叫"小毛鸡""小黄蜂""小鸦雉""小雉喀咕"。它的外貌似褐翅鸦鹃，但个头较小，体长约42厘米；且翼下覆羽为红褐色或栗色。它的栖息环境也与褐翅鸦鹃相似。此鸟叫声较尖而清脆，似"kroop、kroop、kroop"，有时十分急促。它比褐翅鸦鹃更机警更隐蔽，稍受惊吓即奔入密丛深处，很少飞到树上。小鸦鹃将巢筑在茂密的矮植物丛中，通常一窝产卵3枚。有人对此鸟作过剖胃食性分析，发现它的食物中有90%以上是昆虫，包括蝗虫、蝼蛄、金龟甲、蜻象、白蚁等害虫。

小鸦鹃的数量不及褐翅鸦鹃，分布也不如褐翅鸦鹃普遍。在我国，此鸟分布于安徽南部及长江中下游以南，西至云南西北部。

▼ 小鸦鹃叫声尖利而清脆

# 嗜食昆虫的橙胸咬鹃

**橙胸咬鹃**

（咬鹃目 咬鹃科）

橙胸咬鹃（拉丁学名：*Harpactes oreskios*） 雄鸟头、颈橄榄绿色，上体及中央尾羽栗色；中央尾羽具黑色端。颏、喉橄榄色，胸橄榄黄，下体余部橙黄色。嘴铅色，脚黄褐色。完全以昆虫为食。中国仅分布于云南西双版纳。为国家二级保护野生动物。

我国的咬鹃科鸟类，只有橙胸咬鹃、红腹咬鹃和红头咬鹃3种，数量极少，均已列为国家二级保护野生动物。

橙胸咬鹃体长约28厘米，头和颈橄榄绿色，翅上覆羽具黑白色狭横斑，背部和中央尾羽栗棕色，尾羽末端白色，颏、喉和上胸都是沾黄的橄榄绿色，下胸橙红色，下体其余部分鲜黄色。因为羽色鲜艳，它便成了动物园中受宠的观赏鸟类。

橙胸咬鹃栖息于竹和阔叶树的混交林中，平时多隐匿在比较阴暗的场所，完全以昆虫为食。国内仅分布于云南西双版纳允景洪。

羽色艳丽的橙胸咬鹃 ▶
（JJ Harrison 供图）

四 擅长攀缘的鸟类

▲ 蓝耳翠鸟（Bernard DUPONT供图）

# 出色的"跳水运动员"翠鸟

**蓝耳翠鸟**

（佛法僧目 翠鸟科）

蓝耳翠鸟（拉丁学名：*Alcedo meninting*）小型攀禽。颈侧各有一黄白色斑点。蓝耳翠鸟有林栖和水栖两大类型。林栖类远离水域，以昆虫为主食。水栖的以鱼虾昆虫为主食。仅分布于中国云南南部。为国家二级保护野生动物。

翠鸟科鸟类的主要特征是头大和嘴形直而粗大。我国共有11种翠鸟，其中蓝耳翠鸟与鹳嘴翠鸟，因分布区狭窄且数量稀少，都已列为国家二级保护野生动物。

　　蓝耳翠鸟体长约15厘米。嘴粗大，直而尖，呈黑色；耳羽紫蓝色，故得名蓝耳翠鸟；头顶和颈部黑色，有紫蓝色横斑；喉部淡黄色，颈侧各有一黄白色斑点；上体深蓝色，背部有一条深亮蓝色条纹一直延伸到尾基部；下体栗棕色，脚红色。这是一种美丽的鸟，常栖息在山地溪流、水塘附近的树枝上。它十分注意水里鱼的动静，一发现猎物立即跳下水去，用利嘴捕猎。有时也悬浮在水面上空，鼓动双翅，像直升机那样停悬着，一见鱼的踪迹马上猛冲下去捕食。除鱼类以外，蓝耳翠鸟还啄食虾、软体动物、水生昆虫等。国内仅分布于云南南部。

　　鹳嘴翠鸟又叫"鹳嘴翡翠"，个头较蓝耳翠鸟大，体长约44厘米。它的喙红色，粗壮似鹳喙，因而得名"鹳嘴翠鸟"。它的头部棕灰色；背部蓝绿色，中央有一条亮蓝色条带，在阳光下有鲜艳的翠蓝色的金属闪光；胸腹部红棕色；脚红色。栖息于山林溪涧、农田池塘、开阔沼泽地带的附近树上，伺机猛冲入水，捕捉鱼、虾和蛙，也吃鼠类。经常贴近水面直线飞行，并发出"唧唧"的鸣声。国内仅分布于云南南部。

◀ 鹳嘴翠鸟

四　擅长攀缘的鸟类

# 觅食蜂类的蜂虎

**黑胸蜂虎**

（佛法僧目　蜂虎科）

黑胸蜂虎（拉丁学名：*Merops leschenaulti*）小型鸟类。嘴尖而细长。头顶至背上部呈棕栗色。背下部、两翼和尾部均为绿色，翼端部为褐黑色。胸部有一道黑黄色的狭形带斑，与浅绿色的下体相间。通常栖息于干热河谷的稀树灌木丛、草丛、草坡地带，喜集群活动。以捕捉空中昆虫为食。中国仅分布于云南、广西南部。国家二级保护野生动物。

蜂虎科鸟类体形较小，羽色艳丽，嘴尖而细长。人们之所以把这类鸟称为"蜂虎"，是因为它们觅食昆虫，尤其嗜食蜂类。我国共有6种蜂虎，其中黑胸蜂虎与绿喉蜂虎，因分布区狭窄且数量稀少，都已列为国家二级保护野生动物。

黑胸蜂虎体长约20厘米。细长的尖嘴，略向下弯，呈栗色；眼圈红色，眼眶黑色；喉部黄色，胸部有一条栗色和黑色相间的胸环；头上部和背部栗棕色，飞行时腰上部的深亮蓝色具金属闪光；翅和尾绿色；腹部黄绿色。此鸟栖息于热带和亚热带的开阔地区和林地边缘，爱集群活动，有时站立于树梢。以捕捉空中昆虫为食，在土隙中筑巢。国内仅分布于云南、广西南部。

绿喉蜂虎体长约25厘米。喙尖而细长，弯度比黑胸蜂虎稍大些。头部有一个明显的黑色贯眼纹，头和枕部棕绿色；喉上部黄色，喉下部有一个褐栗色纹；上体辉铜绿色；腰下部为亮蓝色，飞行时尤为明显。它栖息于开阔田野、河岸、林间空地，喜集群活动，捕食空中飞虫，嗜食蜂类。国内仅分布于云南、广西和海南。

绿喉蜂虎（Sunil Elias供图）▶

黑胸蜂虎（Ravi. Sangeetha 供图）

# 森林卫士白腹黑啄木鸟

**白腹黑啄木鸟**

（佛法僧目 啄木鸟科）

白腹黑啄木鸟（拉丁学名：*Dryocopus javensis*） 中型鸟类。头顶具长的红色羽冠，颚纹亦为红色。其余头、颈、胸和上体黑色，腰和腹白色，飞翔时白色腋羽和翅下覆羽亦明显可见。喙强直尖锐，能在树上啄一小洞，把细长的舌头伸进去，利用其上的黏液和小钩，钩食虫子。由于大量取食树木害虫，被称为"森林卫士"。为国家二级保护野生动物。

    啄木鸟科的种类很多，全世界共有212种，我国有28种，其中白腹黑啄木鸟因数量稀少，已列为国家二级保护野生动物。

    白腹黑啄木鸟体长约46厘米。后头两侧黑色，有白色羽缘；翅、尾和足都为黑色；下嘴、腰、下胸、上腹、胁都为白色；下腹黑色，具白色羽缘。双足稍短，2趾向前，2趾向后，都有弯曲锐利的爪，能牢牢地抓住树干。尾羽茎坚硬有弹性。它沿着树干攀缘时，尾起着支撑身体的作用。喙强直尖锐，像凿子那样，可以啄开树皮。在觅食时，此鸟一面向上攀缘，一面用嘴叩敲树干，发出"笃笃"的声响。从敲击树干的声音中，它能知道害虫潜伏的地方，然后在树上啄一个小洞，把细长的舌头伸进去，利用上面的黏液和小钩，将虫子钩出来吃掉。由于啄木鸟大量取食树木害虫，所以被人们称为"森林卫士"。有人对啄木鸟敲打树木的次数作过统计，每天大约500～600次。近年来，有人还通过高速摄影技术，计算出啄木鸟啄树时的冲击速度是每小时2 080千米。这是多么巨大的冲击力！奇怪的是，啄木鸟不会因此而得脑震荡。原来，它的脑子被细密而松软的骨骼包裹着，形成一个避震功能极佳的保护垫。此外，这种鸟的头部有大而有力的肌肉，可以吸收、分散冲击力，减少震动。而啄木鸟的头部和喙是一前一后做直线运动的。根据啄木鸟头部的构造和运动方式，科研人员设计制造了一种新型安全帽，防震效果比一般防震帽好。

    白腹黑啄木鸟栖息于山地森林，以昆虫为食。营巢在树洞中，每年繁殖季节都要另建新的洞巢，不用旧巢。废弃的旧巢招引了一些洞居的食虫鸟类，给森林带来了好处。此鸟4～5月间产卵，每窝产卵3～8枚，多为4枚。在国内这种鸟分布于四川、云南、福建等地。

白腹黑啄木鸟
（Candra Firmansyah 供图）

▲ 白喉犀鸟在树上觅食（Rohit Naniwadekar供图）

## 头戴"钢盔"的犀鸟

**白喉犀鸟**

（犀鸟目 犀鸟科）

白喉犀鸟（拉丁学名：*Anorrhinus austeni*） 大型鸟类。上体暗灰褐色，下体淡棕褐色，喉白色，外侧飞羽和外侧尾羽尖端白色。雄鸟翅上有一小白斑，飞翔时极明显。嘴粗大而笨重，具小的盔突。飞翔时常振翅和滑翔交替进行，飞行速度较为缓慢。以植物的果实、种子、嫩芽为食，也吃昆虫、蛙、树蜥等。中国仅分布于云南南部。为国家二级保护野生动物。

　　一说到犀鸟，人们就会想到它们象牙似的弯弯大喙，有的在大喙上面还长着凸起的角质帽（动物学上叫做"盔突"），看起来好像奇形怪状的犀角，因而人们称它们为犀鸟。

　　生活在我国的有白喉犀鸟、棕颈犀鸟、冠斑犀鸟、双角犀鸟和花冠皱盔犀鸟5种，由于它们分布区狭窄，数量很少，所以都列为国家一级保护野生动物。

　　白喉犀鸟又叫"褐犀鸟""白喉褐犀鸟""褐背犀鸟""迪化犀鸟"等，个头较小，体长约70厘米。它的嘴上盔突小而侧扁。

　　这种犀鸟栖息在热带常绿阔叶林中，常10只左右成群活动，或与其他犀鸟混群。它们在人烟稀少处的高大树上活动，常站立在隐蔽的顶枝处。它比一般犀鸟更少下地，几乎都在树上觅食，也不那么喜欢吵闹。在飞行时，它拍翅与滑翔交替进行。当长距离飞翔时，全群井然有序，一只跟一只沿同一条路线保持等距离前进。它主要以植物的果实、种子、嫩芽为食，也吃昆虫、蛙和树蜥等。营巢也在树洞内，但巢位离地较一般犀鸟低，通常在6米以下。每窝产卵2～5枚，一般3枚。

　　在我国，白喉犀鸟仅分布于云南南部的西双版纳，数量很少。

　　棕颈犀鸟又叫"无斑犀鸟"，个头较双角犀鸟小，体长约1.2米。此鸟头上没有盔突，仅在嘴基部有几条斜棱。头、颈、胸都为棕色，两胁、腹部及尾下覆羽呈深棕色。两翅黑色，翅端白色，最外侧的一枚飞羽为纯黑色。尾羽是黑白两色。嘴蜡黄色，胸暗褐或黑绿色。

　　棕颈犀鸟栖息于海拔1 000米以上的山上，多待在山间高大的绿色大树上。常成对或十多只在一起活动，以树上野果为食，有时也到地面捡食落下的果实。飞行时十分壮观，一只接一只地从一边山坡大树上起飞，越过宽阔的大山谷，来到另一山坡的大树上。它行走时显得笨拙，以跳跃方式进行。叫声"嘎嘎"或"喔喔"，非常响亮。生性机警，见人即避，人们不易接近。

　　雄鸟在发情时，站立在一个粗枝上，头向下，喉部的裸皮鼓起，嘴朝上并张得大大的，双翅松垂并稍稍抖动，尾不断向前屈伸，几乎可触及头部，并大声唱情歌，向雌鸟求爱。它也筑巢在树干中的天然洞穴内，营巢方式与双角犀

四　擅长攀缘的鸟类

▲ 棕颈犀鸟生性机警（Rohit Naniwadekar供图）

鸟相似。每窝产卵1枚或2枚。

在我国，棕颈犀鸟仅分布于云南南部西双版纳和西藏东南部，数量很少。

冠斑犀鸟又叫"斑犀鸟""印度斑犀鸟""花角鹫"等，个头比棕颈犀鸟小，体长约74厘米。它嘴上的盔突侧扁而高大，向前仅有一个突起，不像双角犀鸟成两角状。体背和尾部纯黑色，有金属光辉，两翅辉光更强。它的喙特别大，呈蜡黄色。

冠斑犀鸟栖息于人烟稀少的高大乔木林中，多在树的上部活动，以果实为食，有时也下地觅食落果和昆虫等，也到村边盗食橄榄树所结的果实。据说此鸟还嗜食蛇，有时能在空中捕食飞虫，在人工饲养下，它们爱吃香蕉、苹果等水果，还特别喜欢吃小老鼠。生性极机警，稍有声响，立即飞去。它叫声洪亮，但较单调而刺耳，能连续发出"kake——kake——ka ke——"声，很远就能听到。飞行时常喜欢两翅平展在空中滑翔，且头、颈向前伸直，酷似飞机，所以产地人们又叫它"飞机鸟"。这种鸟，主要在树洞中营巢，也在岩洞中筑巢。每窝产卵2～4枚。

在我国，冠斑犀鸟仅分布于云南西部以及南部西双版纳，广西西南部等地，数量已不多。

双角犀鸟又叫"大斑犀鸟""印度大犀鸟"等，是我国所产的犀鸟中个头最大的，体长约1.3米。它的喙上盔突特别宽大，上方还有一个凹陷，向前形成两个突起，仿佛是两只角，故得名双角犀鸟。它的体色以黑色为主，白色为辅，上喙和盔突都是橘红色的，腿呈灰绿沾有褐色。整个体色配上大嘴和双角形盔突，使人感到这是一种异乎寻常的鸟。

▼ 冠斑犀鸟的喙非常醒目

▲ 双角犀鸟数量稀少

双角犀鸟栖息于海拔700～1 100米沟谷的森林中，常数只集群活动于高大的榕树上，在野生果实丰富的大树上取食和生活，偶尔下地啄食落果和昆虫、两栖动物、爬行动物和鼠类等小动物。当果实大量成熟时，它们会集成三十多只大群，在固定的地点觅食，直到那里的食物吃光了才更换觅食地点。每天日落前，它们相继飞到有叶簇遮蔽的大树顶上过夜。飞行时，它们拍翅与滑翔交替，并发出粗厉、响亮的鸣声。鸣叫时，此鸟颈垂直上升，嘴指向天空。

2～4月是双角犀鸟的繁殖期。雌鸟进入离地20～30米的大树洞里，将自己的排泄物混着种子、腐木等，堆在洞口，同时雄鸟也在洞外用湿土、果壳、果实残渣等将洞口封闭起来，只留下一个小孔。不久这种封闭洞口的物质干燥了，变得十分牢固。雌鸟就在洞内安心产卵，只能把喙尖从小孔伸出来，接受雄鸟喂食。这时候，雄鸟到处奔波找吃的东西，以便"养家活口"。雄鸟带着食物回来后，如果雌鸟没有伸出喙来，它就用喙敲打树干，通知雌鸟可以"进餐"了。每窝产卵1～3枚，多数2枚。卵经孵化一个月就出雏，当幼鸟长羽毛时，雌鸟就用大喙啄开洞口，与幼鸟一起出洞。这时，雌鸟和幼鸟都长得胖乎乎的，但雄鸟却因为劳累而变得十分憔悴。

在我国，双角犀鸟仅分布于云南南部西双版纳和西部的盈江一带，数量很少。

花冠皱盔犀鸟体大（全长约105厘米），雄鸟头部奶白色，枕部具略红的丝状羽，裸出的喉囊上具明显的黑色条纹，就像戴了一个头盔一样。雌鸟头颈黑，喉囊蓝色。现为国家一级保护野生动物。

# 五

# 沙鸡和鸠鸽

# 中国独一无二的沙鸡

**黑腹沙鸡**

（沙鸡目 沙鸡科）

黑腹沙鸡（拉丁学名：*Pterocles orientalis*）中型鸟类。嘴的形状与家鸡相似，但小而弱。后趾存在，但非常短小。尾羽短而尖。下胸和腹部有黑色或棕黑色大斑块。栖息于山脚平原、草地、荒漠和多石的原野。常小群活动，冬季有时集成大群。善于奔跑，也善于飞行。主食植物种子、嫩芽等。国家二级保护野生动物。

　　沙鸡与鸠鸽，有较为密切的亲缘关系，所以鸟类分类学家把两者同归一类——鸽形目。全世界属于沙鸡属的种类共有14种，我国仅产1种，叫黑腹沙鸡。

　　黑腹沙鸡又叫"沙鸡"，个头比鸽子稍大，下胸及腹部有大型黑色或棕黑色斑块，脚上有短小退化的后趾，完全是典型的沙鸡。在我国，此鸟分布于新疆北部阿勒泰、哈巴河、和丰、博乐、福海、托里一带及新疆西部喀什，主要见于新疆阿尔泰山海拔880米左右的山麓荒漠草原、准噶尔山区海拔500米左右的荒漠草原、博乐河谷荒漠草原。它们数量分散，多成小群活动，除越冬期外，很少集成大群。黑腹沙鸡飞行时速度很快，常发出"咔嗒"声。它们常在日出前或日落后作长途飞行，到有水源的地方喝水。饮水动作像鸽子，将喙伸入水中，连续吞咽而不抬头。它的食物主要是植物种子及嫩芽等。对它的繁殖情况，目前还不清楚。过去一直把它作为一种狩猎禽，现因数量不多，已列为国家二级保护野生动物。

黑腹沙鸡如鸽子般饮水（Ron Khight供图）▶

▲ 针尾绿鸠（Dibyendu Ash 供图）

# 体羽鲜绿或黄绿色的绿鸠

**针尾绿鸠**

（鸽形目 鸠鸽科）

针尾绿鸠（拉丁学名：*Treron apicauda*） 中型鸟类。中央尾羽尖长如针，故得名。羽色艳丽，颇有观赏价值。雄鸟的头部、颈部为淡黄草绿色，后颈和上背为橄榄绿色而沾灰色，形成一条带状。其余上体、翅膀上有二道明显的乳黄色斑。栖息于山地常绿阔叶林中，常组成小群活动于高大的树上，多在树丛之间飞跃、鸣叫。以野果为食。中国仅分布于四川南部和云南西南部。国家二级保护野生动物。

全世界共有23种绿鸠，我国有8种，由于数量不多，都已列为国家二级保护野生动物。它们属于树栖性鸠鸽类，喙形较厚，体羽鲜绿色或黄绿色，背部常具紫色或栗色斑块。

针尾绿鸠的中央尾羽尖长如针，故得名。它栖息于低海拔山区的常绿阔叶林中，多3～5只成群活动，常在树丛间或高树的枯枝上鸣叫，声音似口哨声，听起来十分悦耳。此鸟沿直线飞行，速度很快，受惊时或及时高飞，或躲入密林。它以野果为食。多在山区密林中繁殖，交配时有互相追逐行为。这种鸟羽色艳丽，很有观赏价值，对传播植物种子、维持生态平衡起一定作用。在我国仅分布于四川南部、云南西部至南部，数量少，应加强保护。

楔尾绿鸠又叫"歌绿鸠"，它的尾张开时呈钝角的楔形，故得名。栖息于海拔1 000～3 000米的山区阔叶林或针阔混交林中，单独、成对或数只至20～30只一起活动，多于早晚在树上觅食野果，往往抓握着悬垂的小枝取食。它们的鸣声悦耳动听，似"ke-gu-gu"之声，富有箫笛之音韵，因而又名"歌绿鸠"。4月开始繁殖，雄鸟在发情时有一系列特殊求爱动作，如点头、挺胸、展翅、跳来跳去、发出"gu-gu"声，不时伴作在地面啄食状，而雌鸟则不时以同样的叫声做出反应。它们筑巢在林间高大的树上，巢很简陋，仅用少量枯枝堆积而成，每窝产卵2枚。由于它羽色美丽、鸣声悦耳，可作笼鸟观赏。乌鸦与鹰类是它的天敌。在我国，此鸟分布于四川西南部和中部、西藏南部、云南西部至南部、广西西北部和湖北神农架。

红翅绿鸠又叫"白腹楔尾鸠""白腹楔尾绿鸠"。它的尾也呈钝角的楔形，雄鸟翅上有栗红色斑块。常单独或3～5只集成小群，在山区的森林或多树地带活动，也见于林缘的庄稼地中。它沿直线飞行，速度快，但常突然急转弯，改变方向，飞行时伴随着急速拍翅，呼呼有声。鸣叫声常似"ku-u"的延长声，好像小孩在啼哭。这种鸟以野果为食。繁殖习性与楔尾绿鸠相似。在我国，此鸟分布自秦岭至长江口以

▲ 楔尾绿鸠（Pkspks供图）

▲ 红翅绿鸠

南地区，西至云南西南部，河北东北部围场附近，目前数量很稀少，应该禁猎。

红顶绿鸠的尾略呈楔形，雄鸟翅及背有紫红色斑块，头顶橙红色。栖息于浓密的原始阔叶林中，在海拔2 000米左右的山区也有其足迹。在我国，此鸟仅分布于台湾兰屿及绿岛，故又叫"台湾绿鸠"。

黄脚绿鸠又叫"普通绿鸠"，是国内最大的一种绿鸠。它的羽色与一般绿鸠迥异，上体以橄榄绿色为主，下体以淡蓝灰色为主，足黄色，爪灰色。栖息于丘陵及平原地带的森林及树丛间，多在榕果或其他常吃野果丰富的树上活动，但也不时地啄食谷物种子、未成熟的玉米、树木的嫩芽等，也会到地面啄取砂粒、含盐分的泥土等。在日出及日落时，它常站立在树顶，尤其喜在秃枝上鸣叫，声音悦耳，抑扬婉转，富于音韵，似吹口哨声。有时，扳着一低垂水面的树枝饮水。这种鸟在国外能集成非常大的群体，集于一棵或多棵树上，而在我国未见集大群，至多5～6只在一起。在3月间求偶时，此鸟双双在枝头上追逐。雄鸟挺胸、松羽、低垂翅膀、不断点头、绕着雌鸟旋转，并发出柔和的"gugu"求爱声，雌鸟以相似的动作作答。大多筑巢在适当高度的树上，巢也较简陋，每窝产卵2枚，可能每年产两窝卵。我国分布在云南西部至南部。

厚嘴绿鸠又叫"粗嘴绿鸠""青咖追"。它的主要特征是喙较短厚，雄

红顶绿鸠（Koolah供图）▶

▲ 黄脚绿鸠（Suman Kumar Hansada 供图）

▲ 厚嘴绿鸠（Francesco Veronesi 供图）

鸟背部及翅上有栗紫色区，尾下覆羽为桂红色。它栖息于山地或丘陵的原始森林、次生林中，多见于乔木上，偶尔也见于灌木丛间。性喜集群，有时可集几十只乃至近百只的大群，聚于无花果树和榕树上，还常与八哥、丝光椋鸟、乌鸫、小拟啄木鸟等混集一起争吃榕果，且边吃边"gugu"鸣叫。如果不受惊扰，饱食后就隐伏在树上休息，到黄昏才离去。夜宿在密林深处，翌晨复还，直到榕果吃完再转移阵地，到其他野果树上活动。营巢在不太高的树木枝桠间或竹桠间，用细小的枝条做成稀疏的篮状巢，每窝产卵2枚。我国主要分布于云南南部、广西西南部和海南。

灰头绿鸠又叫"灰额绿鸠""灰头山鸠"，体形和飞羽与厚嘴绿鸠相似，但喙基柔软部分发达，而厚嘴绿鸠没有柔软部分。雄鸟自额至枕都是苍灰色的。栖息于热带雨林，平时常待在乔木上，有时也在灌木丛间，但不落地。它单纯以野果为食，觅食时相当喧闹，鸣声较柔和，似吹口哨的声音。由于它们胃口很大，所以取食时间很长，天亮就开始觅食，中午稍稍休息一会，下午又继续觅食，直至太阳即将下山为止。晨、昏还各有一次到溪流或水塘饮水的活动。在筑巢时，雄鸟负责搜集小干枝作为材料，雌鸟负责堆砌。巢筑在林间树木上，或旱耕地旁的灌木丛，离地面高度不超过4米。每窝产卵2枚。此鸟在我国仅分布于云南西双版纳。

橙胸绿鸠又叫"赤胸绿鸠""橙胸鸠"，体形大小和飞羽情况与灰头绿鸠相

▲ 橙胸绿鸠鸣声似口哨声（Thimindu Goonatillake 供图）

▲ 灰头绿鸠食量大（Thimindu 供图）

似，但尾近方形。雄鸟上胸有红紫色宽环带斑，其下并列一条更宽的棕橙色带斑。栖息于热带雨林中，单独或五六只一起活动，常见它们高踞于高树顶的秃枝上。多在晨昏觅食，主要吃野果，尤其是成熟的榕果。它的鸣声似美妙抑扬的口哨声。繁殖情况与灰头绿鸠相似，每窝产卵也是2枚。在我国，仅分布于海南和台湾。

▲ 绿皇鸠体大肉丰（Cuatrok77供图）

# 绿皇鸠和山皇鸠

**绿皇鸠**

（鸽形目　鸠鸽科）

绿皇鸠（拉丁学名：*Ducula aenea*）体形比绿鸠类和果鸠类大。嘴较大，嘴基扩张，身体上的杂色通常较少。头部、颈部和下体为鸽灰色，微缀粉葡萄红色，尾下覆羽为暗栗色。夏季单独或成对活动，冬季以七八只为群。鸣声深沉，飞行快速，主要啄食野果。与同科的山皇鸠同为国家二级保护野生动物。

我国已发现的皇鸠有绿皇鸠与山皇鸠2种,它们数量稀少,都已列为国家二级保护野生动物。

绿皇鸠又叫"绿南鸠""大绿鸠",它上体金绿色,并具有青铜绿色金属光辉。此鸟栖息于丘陵的阔叶林、河谷的次生林、平原或丘陵地带居民点附近的榕树、橄榄树等树木上。晨昏常高踞于大树顶的秃枝上,一般若不是啄取砂土,极少下地活动。夏季单独或成对活动,冬季以七八只为群。常与其他鸠鸽类一起觅食,主要啄食野果。它飞行快速,鸣声深沉,在附近鸣叫好像远处传来的声音,终止前的一声长而怪异,似窃笑声。求偶时,雄鸟向雌鸟频频挺胸、点头,松开颈羽炫耀,绕圈子走等。巢简陋无垫,每窝产卵1枚或2枚。它们分布于广州北郊从化、增城至罗浮山一带,海南及云南思茅至西双版纳。这种鸟不仅具有一般鸠鸽肉味鲜美的优点,而且体大肉丰,过去由于狩猎过多,目前广东几乎绝迹,所以应禁猎保护。

山皇鸠又叫"灰头南鸠""栗背皇鸠",体大如绿皇鸠,但背部为褐栗色或紫红栗色。栖息于山地常绿阔叶林中,偶尔也到开阔的平原地带。此鸟常有固定的栖息地,早出晚归。前往取食场所时,飞行线路也较固定,中午就在食场的乔木上休息,静伏不动。又因其体羽不显眼,所以不易被人发现,往往至人临近才突然惊飞。它晚上在较低矮和避风的树上过夜,在到达时,先在附近的大树上逗留一会儿,等太阳下山才进入夜宿地点。此鸟主要吃橄榄、乌榄和无花果,也食其他野果。一般3~5只成小群,最多四十多只在一起。鸣叫时弯腰叩头,声音深沉,使人感到悲哀。它飞行快速,双翅扇动得呼呼作响。大雨来临前,常成群低飞,非常活跃,当地群众以此作为预测天气变化的迹象。这种鸟把巢筑在深山密林的树上,偶尔也在道路近旁的树上筑巢。巢的结构与绿皇鸠相似,也较简陋。每窝产卵1枚,偶见2枚。它分布于我国云南西南部至南部的潞西、西双版纳以及海南。目前此鸟数量较绿皇鸠稍多。

山皇鸠

# 受保护的鹃鸠

**斑尾鹃鸠**

（鸽形目 鸠鸽科）

斑尾鹃鸠（拉丁学名：*Macropygia unchall*） 体大而尾长的褐色鹃鸠。背及尾满布黑色或褐色横斑。头灰，颈背呈亮蓝绿色。胸偏粉，渐至白色的臀部。生活于山地森林。集小群活动。疾速穿越树冠层。繁殖季节鸣声响亮。以多种野果为食，也吃稻谷、草籽等。为国家二级保护野生动物。

我国已发现的鹃鸠有斑尾鹃鸠、棕头鹃鸠和乌鹃鸠3种，因数量稀少，都已列为国家二级保护野生动物。

斑尾鹃鸠又叫"花斑咖追"，在鹃鸠中体大而尾长，上体大多黑褐色且杂有栗色细横斑，头和颈淡紫色而有光泽。尾形特长，中央尾羽褐色，上有隐约可见的栗色横带斑纹。上胸淡紫色具黑色条纹，并有金属光辉。此鸟栖息于丘陵的树林中，偶见于空旷的田野里。通常成对活动，偶尔单独行动，举止

▲ 斑尾鹃鸠尾特长（Aparajita Datta 供图）

闲散，遇人不十分惊慌，总是停留对视片刻，然后起飞。它的叫声为低沉的"coo——um，coo——um——"，第二个音节很远便可听到。繁殖季节鸣声较响，其他季节则较安静。这种鸟主要以多种野果为食，也吃稻谷、草籽等。它筑巢于树上或灌木丛间，一般每窝产卵1枚，据说也有2枚的。我国分布于华南一带，北抵四川宝兴及福建西北部。

棕头鹃鸠的体形较斑尾鹃鸠略小，它尾巴较长，上体大多暗栗褐色，下体皮黄色。栖息于海拔600米以上的山林间，结小群活动。常在地面上或树枝间找食，啄取果实、种子、嫩芽等。巢以苔藓之类筑成垫状，置于树枝或灌木丛间。每窝产卵只有1枚。在我国仅分布于云南西双版纳。

▼ 乌鹃鸠（Dominic Sherony 供图）

乌鹃鸠的大小与斑尾鹃鸠相似。它的上体大多为暗肝褐色，上背闪着绿紫金属光辉，下体金棕褐色。栖息于稠密树林中。胆小，见人即逃，难于接近。常两三只一起飞行，飞时双翅拍动发生响声，未见集成大群飞行。叫声似此鸟在台湾兰屿的俗名"lvoao"。以果实和浆果等为食。在我国，此鸟仅见于台湾。

▼ 棕头鹃鸠（Rushenb 供图）

# 黑颏果鸠和斑尾林鸽

**黑颏果鸠**

（鸽形目 鸠鸽科）

黑颏果鸠（拉丁学名：*Ptilinopus leclancheri*） 雄鸟的头部、颈部和胸上部为灰白色。头后部至颈后部为绿色，颏部呈黑色。背部为绿色，并具有浅黄色光泽。尾羽末端呈灰橄榄绿色。很少集群，以树木、植物果实及浆果为食。仅分布于中国台湾。与同科的斑尾林鸽同为国家二级保护野生动物。

全世界共有47种果鸠，我国仅产黑颏果鸠一种，而且只分布在台湾，已列为国家二级保护野生动物。

黑颏果鸠又叫"黑颏绿鸠""小绿鸠"。它体长约29厘米，体形和大小与橙胸绿鸠差不多，但喙形稍细，翅上没有黄色翼斑，颏呈黑色。一般栖息于森林地带，不结大群，在树上啄取野果为食。巢形平台状，以小枝筑在离地1.5～4.5米的平伸树枝上，每窝产卵1枚。在我国，仅分布于台湾南端及兰屿，大陆未发现此鸟的踪迹。

▼ 黑颏果鸠（John Jennens 供图）

我国产的鸽属鸟类共有10种，绝大部分种类数量较多，只有斑尾林鸽数量不多，已列为国家二级保护野生动物。

斑尾林鸽是一种大型的鸽，体长约40厘米，身体大多灰色和褐色。喜成群活动，冬季集群更大。在地面、树丛或灌木间觅食，食物包括田间遗留的谷粒、幼芽、橡实、桑葚及其他浆果等。在我国，仅分布于新疆西部及天山，目前对此鸟的了解还不多，需要进一步调查。

▲ 斑尾林鸽（Mirko Carevic 供图）

# 六

# 歌声悦耳的鸣禽

▲ 长尾阔嘴鸟（Janak Choudhary 供图）

# 阔 嘴 鸟

**银胸丝冠鸟**

（雀形目　阔嘴鸟科）

银胸丝冠鸟（拉丁学名：*Serilophus lunatus*）上体锈褐色或棕栗色，下体银灰白色。栖息地包括亚热带或热带的湿润低地林、乡村花园、亚热带或热带的湿润山地林和耕地。嗜食昆虫，也啄食植物的果实和种子。为国家二级保护野生动物。

阔嘴鸟科鸟类是典型的热带林栖鸟类，体形中等，羽色绚丽多彩。全世界共有14种，我国有2种，即银胸丝冠鸟与长尾阔嘴鸟，因数量稀少，都已列为国家二级保护野生动物。

银胸丝冠鸟在雀形目鸟类中属中等体形，体长16～18厘米，体重24～35克。它喙形宽阔，鼻孔圆形而外露，上体锈褐色或棕栗色，下体银灰白色，两翅有明显的亮蓝翼斑，尾羽黑色具白端。通体羽色光亮，异常美丽。它栖息于热带、亚热带地区林缘溪流边的灌丛和小树上，或者田坝区的榕树和村寨边的小树上。多集群静栖，不善跳跃和鸣叫。在云南西双版纳地区的稀树阔叶林中，曾见有十多只集群，栖息在附近的树枝上活动觅食。此鸟反应比较迟钝，研究人员采集时虽然连续射击，但它并不会惊飞远去。有人曾见到4只鸟同栖在一棵树上，击落1只之后，其余3只仍在树上一动不动。此鸟杂食性，但嗜食昆虫，据海南岛的2只鸟剖胃检查，昆虫都占食物总量的90%以上。此外，它也啄食植物的果实和种子。国内分布于云南、广西、台湾、海南等地。

长尾阔嘴鸟个头较银胸丝冠鸟大，体长20～28厘米，体重47～75克。喙形与银胸丝冠鸟相似，但是更为宽大。它头黑，顶部中央有一个宝石亮蓝色斑块；后枕两侧各具一块鲜黄斑；前额基底至眼先，喉部及颈侧都是亮黄色；翼镜及尾羽表面亮钴蓝色；上体亮草绿色；下体淡绿色，多少沾染一些淡蓝色；喙黄绿色。这种鸟栖息于海拔2 000米以下的热带常绿阔叶林中，常10余只、20～30只集群活动觅食，多静栖在林下阴湿处的灌木或小树上，不善鸣叫和跳跃。食物以昆虫和其他节肢动物为主，也吃小型脊椎动物和果实。营巢于溪流边的灌丛和矮树上，巢由山茅草、草根和藤蔓编织而成。巢形呈梨状，系于枝条上，单个垂吊在水面上，离水1.2～1.8米，两巢之间约相距6～12米。每窝产卵4枚或5枚。国内仅分布于云南、广西和贵州。

▶ 银胸丝冠鸟羽色异常美丽
（Jason Thompson 供图）

六　歌声悦耳的鸣禽

# 多姿多彩的八色鸫

**蓝枕八色鸫**

（雀形目 八色鸫科）

蓝枕八色鸫（拉丁学名：*Pitta nipalensis*）中等体型。雄鸟后枕部亮蓝色。栖于常绿阔叶林内，活动于森林底层，翻拣树叶寻找食物，以昆虫为主食。于地面或树上发出极动听的双哨音。也作轻柔的似笑声。为国家二级保护野生动物。

▼ 蓝枕八色鸫（Rohit Naniwadekar 供图）

通常，八色鸫科鸟类的体形较阔嘴科鸟类稍大，羽色绚丽多彩。全世界共有25种，我国有8种，因数量稀少，都已列为国家二级保护野生动物。

蓝枕八色鸫体长在19～23厘米之间，体重约120克。雄鸟后枕部亮蓝色，背部全为亮草绿色，腹部茶黄色。雌鸟头顶全为棕茶黄色，枕部至后颈暗绿色，背面其他部分棕茶黄色，腹部与雄鸟同色。栖息于海拔700米以下的热带雨林中，在树下地面活动，以昆虫为主要食物。国内分布于云南南部及东南部、广西西南部。

蓝背八色鸫体长21～24厘米，体重91～115克。头顶至背部全为绿色，沾染黄褐色，腰部蓝色；下体茶黄色。主要栖息在热带常绿阔叶林中，常单独或成对在林下阴湿处活动和觅食。它行动敏捷，往往连续急跳。觅食时用爪扒开地面落叶及其他覆盖物。食物主要是昆虫，其中有鳞翅目、鞘翅目的幼虫、金龟子、蚂蚁和蜂类，也啄食环节动物等。平时，此鸟隐匿在灌木草丛中，受惊逃跑时沿地面作短距离飞行。它鸣声细微。国内分布于云南河口、广西瑶山和海南等地。

蓝八色鸫体长约22厘米,体重110克左右。前额至后枕部中央冠纹为黑色,两侧赭灰色,后部金黄色,枕和后颈部金红色;背、肩和尾亮蓝色;下体满布黑色斑点,沾染淡紫蓝色,闪耀丝光色泽。它栖息于热带雨林中,在树下阴湿处活动和觅食。此鸟数量十分稀少,迄今仅于1960年3月31日在云南南部西双版纳海拔780米处热带雨林中采到1只雄鸟。国内仅分布于云南西双版纳。

蓝翅八色鸫的个头较蓝八色鸫小,体长17～20厘米,体重48～70克。头部前额至枕部深栗褐色,冠纹黑色,眉纹茶黄色,眼先、颊及耳羽和颈侧都是黑色,与冠纹在后颈相连,呈领斑状。背部亮油绿色;翅、腰和尾亮粉蓝色。下体淡茶黄色,腹部中央至尾下覆羽猩红色。此鸟的羽色五彩缤纷,有红、绿、蓝、白、黑、黄、褐等色,鲜艳夺目,是很有价值的观赏鸟类。我国分布于河南、安徽、广东、福建、河北、广西、海南、台湾、上海。它数量稀少,是世界珍禽之一。

仙八色鸫的个头较蓝翅八色鸫稍大,体长19～21厘米,体重85～90克。头顶淡棕褐色,中央冠纹及头侧至后颈部亮黑色,背部、肩羽及内侧次级飞羽表面亮草绿色,翼上小覆羽及腰、尾上覆羽紫蓝色,下体浅黄色,腹部中央至尾下覆羽猩红色,两翅有宽大的白斑。它羽色多彩,鲜艳夺目,是一种深受人们欢迎的观赏鸟。栖息于热带雨林的常绿阔叶林中,常在林下灌木丛、草丛中活动。多单独在林丛地面跳跃、奔跑,用强健的脚频频翻动地面上的枯枝落叶,觅食甲虫、蚂蚁等昆虫。饱食后,也见有单个飞落在高大的乔木树上停歇。国内分布于云南南部西双版纳、甘肃夏河、上海。

绿胸八色鸫是一种较小的八色鸫,体长约17厘米。头顶部栗褐色,头侧及颊、喉和颈部丝绒黑色;背部草绿色,浓暗而鲜亮;翅上覆羽和腰及尾

▼ 蓝翅八色鸫(Polen供图)

六 歌声悦耳的鸣禽

▲ 蓝背八色鸫　　　　　　▲ 蓝八色鸫

上覆羽都具有宽阔的粉蓝色羽端，闪耀着丝光色泽，并稍沾蓝绿色；腹部中央至尾下覆羽猩红色，下体其余部分都是淡蓝绿色。此鸟羽色艳丽，也是一种观赏鸟。栖息于海拔700～1 300米的热带雨林或季雨林中，常在林下阴湿处和水边活动觅食。主要以鞘翅目昆虫、鳞翅目幼虫及蚂蚁等为食。国内分布于云南、宁夏等地。

栗头八色鸫又叫"锅巴雀"，个头较大，体长约25厘米，体重约135克。形态与蓝背八色鸫相似，但头部全为栗褐色，前额、两颊、颈侧、喉部至上胸沾染粉红色，上体及尾羽表面暗绿色，腰沾蓝色，上背沾染栗褐色，下体茶黄色，下腹部中央色淡，泄殖孔周围呈棕白色。整体羽色艳丽，也是一种观赏鸟。栖息于海拔1 800米以下的热带和亚热带地区，在茂密的常绿阔叶林下的阴湿处活动觅食。此鸟不集群，冬季或夏季都见单独或成对活动。腿长而强健，善于奔跑跳跃，用爪翻转地上的枯枝落叶，寻找食物。主要吃昆虫，也食植物的种子和果实。国内仅分布于云南西部和南部

▲ 仙八色鸫

边疆地区。

　　双辫八色鸫的个头较大，体长约22厘米，体重约90克。头顶至后颈的中央冠纹为黑色，前额及冠纹两侧皮黄色，眉纹近白色，各羽都缀以黑色羽端，呈鳞状；后枕部两侧羽毛突出，有皮黄色和黑色相间的横斑，羽端白色呈矛状，形如双辫。上体暗棕褐色，下体皮黄色，多少沾染一些黑点斑。栖息于热带雨林中，常在竹林和灌丛间活动觅食，用其有力的爪和喙翻拨地面上的枯叶，啄取昆虫。它们经常在地面上活动，由于羽色和枯叶的颜色十分相似，以及善于跳跃，很容易避开人们的视线。国内仅分布于云南南部西双版纳景洪、勐腊。

绿胸八色鸫（Darren Bellerby 供图）▶

▼ 栗头八色鸫（JJ Harrison 供图）

▲ 双辫八色鸫（Hume, Allan Octavian 供图）

# 飞行时食虫的雨燕

**灰喉针尾雨燕**

（夜鹰目 雨燕科）

灰喉针尾雨燕（拉丁学名：*Hirundapus cochinchinensis*）肩部、背部和腰部为褐灰色，在背部形成一个不明显的马鞍形灰褐色斑。翅膀狭长。颏部、喉部为烟灰色，前颈、胸部、腹部、两胁均为暗褐色。嘴黑色，爪黄褐色而透明。栖息于海岸、海岛和山地森林地带。在空中捕捉飞行性昆虫为食，嗜食蚊、蝇等害虫。营巢于岩石洞穴和树洞中。分布于中国海南以及南海诸岛。为国家二级保护野生动物。

雨燕是著名的食虫鸟类，全世界共有76种，我国有8种，其中灰喉针尾雨燕和凤头雨燕，不仅分布区狭窄，而且数量很少，因而列为国家二级保护野生动物。

灰喉针尾雨燕的额、头顶、后颈、头侧、两翅、尾上覆羽和尾羽黑色而闪蓝色光辉，枕部沾有烟灰色，初级飞羽和次级飞羽内侧为淡褐色，三级飞羽的内侧有白斑，飞翔时形成长椭圆翼斑。颏、喉部大多为灰色，前颈、胸、腹和两胁都是暗褐色，喙黑色，爪、趾红褐色而透明。栖息于较高的山地或山下村庄，多在空中活动，飞翔迅速，是鸟类中飞行速度较快的一种。常在飞翔中捕捉昆虫为食，嗜食蚊、蝇等害虫。此鸟也能一边飞行一边饮水，还能一边飞行一边睡

▲ 灰喉针尾雨燕飞行速度较快

觉。国内分布于海南以及南海诸岛。

凤头雨燕体长约21.5厘米，尾长可达11.8厘米，呈深叉状。雄鸟头上的羽冠很高，上体绿灰色，眼先深黑色。雌鸟灰色，腹部和尾下覆羽白色。常集群飞翔于林区低海拔地区上空，以蚊、蛾类等昆虫为食。在国内此鸟仅分布于云南西部及南部。

▲ 凤头雨燕

七

# 两栖动物和爬行动物

▲ 虎纹蛙

# 受保护的蛙类

**虎纹蛙**

（无尾目　叉舌蛙科）

虎纹蛙（拉丁学名：*Rana rugulosa*）亦称"水鸡"。体大而粗壮，雌蛙比雄蛙大。前、后肢有横斑。皮肤粗糙，背面有许多疣粒和长短不一的肤棱。雄蛙有一对咽侧下外声囊；前肢粗壮，第一指内侧有一灰色婚垫。生活于近山的旷野、水田、池塘等处。捕食昆虫、蚯蚓、蜘蛛以及泽蛙、姬蛙等小型蛙类。中国各地均有分布。为国家二级保护野生动物。

在现存的两栖动物中，蛙类的种类最多，共有2 600种，我国产的有178种。在我国产的蛙类中，列入国家保护动物的有虎纹蛙等。虎纹蛙又名"水鸡"，体大而粗壮，雌的比雄的大。大的雌蛙，体长可超过12厘米，体重可达250克，是稻田中个体最大的一种蛙。它背面呈黄绿色，略带棕色，与头侧、体侧一样，都有不规则的深色斑纹。四肢有明显的横纹，看上去似虎身上的斑纹，故得名"虎纹蛙"。它腹部白色，皮肤粗糙，背面有许多疣粒。雄蛙在咽下侧有一对外声囊，前肢的第一趾上有一块较厚的灰色指垫，叫做婚垫，用于交配时抱握雌蛙。

虎纹蛙生活在稻田、沟渠、池塘、水坑及丘陵地带山脚下的旷野中，是南方稻田消灭害虫的主要蛙种之一。虽然此蛙也捕食蚯蚓、蜘蛛以及泽蛙、姬蛙等小型蛙类，但在食物中所占比例不大。虎纹蛙在3～8月进行繁殖，5～6月是产卵的高峰期。届时，雌雄蛙抱对交配，沿着田埂、水洼边缘等处行行止止，将卵分散开来，一粒粒浮于水面。蛙卵发育成蝌蚪后，主要吃活的小动物，所以对鱼苗危害较大；加上此蛙个头大，肉味鲜美，既可食用，又可出口创汇，因而遭到人们大肆捕杀，以致野生资源日益减少。我国已把它列为二级保护野生动物，而且对其国际间贸易作了限制。为了满足人们食用和出口的需要，我们可以进行人工养殖试验，据说这一措施还是可行的。

在我国，虎纹蛙分布较广，在江苏、浙江、湖南、湖北、安徽、广东、广西、贵州、福建、台湾、云南、江西、海南等省区都有。上海郊县也有分布。

# 最大的两栖动物

**大鲵**

（有尾目 隐鳃鲵科）

大鲵（拉丁学名：*Andrias davidianus*） 现存最大的两栖动物。因叫声似小孩啼哭，故俗称"娃娃鱼"。背面棕褐色，有大黑斑；腹面色淡。头宽而扁；口裂大，眼极小，躯干粗壮平扁；尾侧扁；四肢甚短；前肢四指，后肢五趾；趾间有微蹼。皮肤较光滑；头部疣粒显著，多数成双排列。食性广泛的肉食性动物。体外受精。为国家二级保护野生动物。

夏夜，万籁俱寂。在我国南部和西南部的溪水边，有时会传出一阵阵婴儿的啼哭声，这是被人遗弃的婴儿在呼号吗？不，这是我国的珍贵动物娃娃鱼的叫声。娃娃鱼的模样非常古怪，如果你仔细观察一番，就可发现：它头大，嘴也大，眼睛却很小，身后拖着一条大尾，四肢又短又胖，柔嫩得活像婴儿的手

▼ 大鲵因叫声得名"娃娃鱼"

▲ 大鲵

掌。因为它的叫声像婴儿啼哭，所以俗称娃娃鱼，动物学家叫它大鲵。在全世界现存的两栖动物中，数大鲵个头最大，一般体长在60～70厘米之间，最大者体长可达1.8～2.0米，重达20～25千克。

大鲵生活在山区水流湍急而清澈的溪流中，一般都居住在海拔200～1 300米以下的溪河深潭内，土窟、岩洞、石隙中水草繁茂，有回流且阴暗渗水处。它游泳时，四肢往往紧贴腹部，靠摆动尾部和躯体拍水前进。有时候，它会浮到水面呼吸新鲜空气，或用后肢推动身体前进，到水边湿地上爬行。成年的大鲵生性懒惰，不大活跃，但夜间有时会相互撕咬。它是一种食性广泛的肉食性动物，捕食蟹、鱼、虾、螺、蚯蚓、蝌蚪、蛙、蛇、小鳖、黄鳝、泥鳅等水生动物，同时也捕食小鸟和小鼠。因为它的眼睛怕光，所以白天一般待在洞穴里，夜晚时才出来寻找食物。在觅食时，一般不是主动出击，就只是张开大口，一动不动地等待着猎物自投罗网。

6～8月是大鲵的繁殖季节。一个日本的研究小组曾长期跟踪大鲵。雄鲵通常行动比较早，它们寻觅适宜交配和繁育的洞穴，以头尾摆动的方式将洞穴清扫干净，然后等待雌鲵来访。如同其他需要争雄的物种一样，雄鲵间的决斗非常惨烈！最后在血染的溪流上只剩下一只雄性大鲵，它心安理得地占有洞穴，守候溯流而上的雌鲵……雌鲵产卵在岩洞内，贴附在缓流处石头上，每只产卵在300枚以上，卵外被透明胶质层，形成一条串珠状卵带，在体外受精，21天左右自然孵化。幼体生长缓慢，3年才长到20厘米左右长，体重不到100克。

大鲵，有中国大鲵和日本大鲵两个种。中国大鲵仅存在我国长江流域及黄河、珠江中下游的支流中，分布于我国湖南、湖北、山西、陕西、河南、四川、贵州、福建、浙江、广东、广西、安徽、江苏、青海、河北、甘肃等地。今天，大鲵岌岌可危，1989年被列为国家二级保护野生动物。在英国伦敦动物学会曾公布的全球最濒危两栖动物名单中，中国大鲵排在了第一位。拯救大鲵，捍卫生态，社会呼吁，学者振臂！如今，多个野生大鲵保护区纷纷建立，多座大鲵研究机构和繁育养殖基地开始运转，大鲵岌岌可危之势初步扭转。

# 受保护的疣螈

**镇海疣螈**

（有尾目　蝾螈科）

镇海疣螈（拉丁学名：*Echinotriton chinhaiensis*）背和体侧均呈黑色，腹部朱红色，有不规则的黑斑，头部大，头两侧脊棱不发达，四肢细长，尾侧扁。身体扁而宽，皮肤粗糙，全身布满大小不一的疣粒。以蚯蚓、马陆、蜈蚣、步行虫、蜗牛等为食。中国特有，仅分布于浙江镇海。为国家一级保护野生动物。

　　疣螈的外形有点像民间俗称的"四脚蛇"（蜥蜴类动物），所以人们常误认为它们是爬行动物，其实它们是两栖动物中的蝾螈类。我国受保护的疣螈有镇海疣螈、细瘰疣螈、细痣疣螈、贵州疣螈、大凉疣螈等，因为它们的数量比较稀少，分布区又很狭窄，所以都已列为国家一级和二级保护野生动物。

　　镇海疣螈又叫"镇海棘螈""山壁虎"。雄的体长约12厘米，雌的体长约14厘米。全身棕黑色，体形又宽又扁；头宽大于头长，头侧有骨质棱起，头顶有"V"形嵴；皮肤粗糙，全身满布大小不一的疣粒。这种动物栖息于海拔100～200米的沿海丘陵山脚旁，多在阴暗潮湿、土质松软的泥土下或石隙中，当地群众常在挖土时发现它们。成体终生陆栖，繁殖时也不到水中。它在地面上爬行缓慢，容易被人捕获。它的身体被人触摸后，会呈现3～5分钟警戒反应：眼睛紧闭，四肢向前伸直，整个身体成半圆状向上翘，只有腹中部着地。镇海疣螈以蚯蚓、马陆、蜈蚣、步行虫、蜗牛等为食。11月中下旬开始在土下冬眠，到第二年3月下旬苏醒，4月中下旬开始繁殖，夜间产卵在杂草繁茂、地面潮湿的水坑、水沟岸边，每一卵块含卵56～85枚，少数只有40枚左右，上面覆盖着杂草和叶子，以免被阳光晒干。刚孵出的幼体只有2厘米左右长，能在地面上弹动，并借助雨水冲刷进入水坑，在水中以腐殖质、藻类及小型水生动物为食。这种疣螈仅分布于浙江镇海，为中国特有的珍稀动物。

　　下面4种疣螈的生活习性与镇海疣螈相似。

　　细瘰疣螈体形粗壮，体长13～14厘米，躯干较圆，尾部侧扁，尾梢薄而钝圆。全身满布疣粒。背部和体侧棕黑色，仅疣粒红色，因而又叫"红瘰疣螈"。它的头部、四肢、尾部、泄殖孔周围和嵴棱瘰疣都为棕色或棕黄色。腹部颜色有变异，有的以棕黑色为主，有的色较浅而有棕黑色斑纹。主要生活在

◀ 细瘰疣螈（SATOSHI TOMIYAMA 供图）

陆地上，5～6月交配时进入静水池。这种动物分布于我国云南。

细痣疣螈的头部宽大，头后侧呈黑色。舌小呈卵圆形，两侧缘游离。它的四肢较长，前后肢贴体相对时，指趾端重叠或相触。皮肤粗糙，有大的疣粒，似细痣，故得名。背嵴棱明显，背嵴棱及体侧疣粒为黑色。这种动物分布于我国四川、广西等地。

贵州疣螈的外形似细痣疣螈，不过它的背嵴棱及体侧疣粒是红色的，体侧还具有连续的红色纵线。它分布于我国贵州。

大凉疣螈的头宽大，没有唇褶或微显唇褶，皮肤十分粗糙，具有大的疣粒，背嵴棱明显，四肢较长，前后肢贴体相对时，指趾端重叠或相触。它的舌较小，为卵圆形，两侧缘游离，尾长于头体的长度。这种动物分布于四川大凉山区。

▲ "游泳健将"棱皮龟

# 携带"身份证"的棱皮龟

**棱皮龟**

（龟鳖目 棱皮龟科）

棱皮龟（拉丁学名：*Dermochelys coriacea*） 亦称"革龟"。是现存龟鳖类中最大的一种。背面无角质盾片，被以柔软的革质皮肤，上面有七条纵棱。四肢呈桨状，无爪；前肢甚长，后肢短。尾短。体背漆黑色或黑褐色，微带黄斑；腹面色浅。善游泳。以虾、蟹、软体动物、鱼类、海藻等为食。喙里不长牙齿，食道内壁有锐利的角质皮刺，能磨碎从口而入的食物。为国家二级保护野生动物。

在世界现存龟类中，论个头之大，当首推棱皮龟了。它体长达2米余，体重有数百千克。据说最大者，体长有2.5米，体重达800千克，连素有"巨龟"之称的象龟也无法与之相比。它的头、四肢及身体都覆以革质皮肤，没有角质盾片，上面有7条纵行棱起，所以叫它"棱皮龟"，或称它"革龟"。成龟背面暗棕色或黑色，缀以黄色或白色的白斑；腹面灰白色。

棱皮龟是一种远洋性龟类，主要生活在热带海域的中上层，偶尔也见于近海和港湾中。因为它四肢巨大，并且变成了桨状，可持久而迅速地在海洋中游泳，故有"游泳健将"之称。1970年，在我国长江口捕获一只棱皮龟，根据它身上所挂的标记判明，它是由英国沿海投放入大西洋的。两处相距万里，可见它的游泳本领是多么高强！

棱皮龟的喙呈钩状，头特别大，但不能缩进。它们遨游在茫茫大海里，吃鱼、虾、蟹、乌贼、螺、蛤、海星、海参和海藻等，甚至连长有毒刺细胞的水母也不放过。它还喜欢吃海蜇。每年仲秋时节，江苏吕泗渔场是海蜇生产的旺季，棱皮龟也随之而来。仅1982年秋汛生产期间，吕泗渔场渔民就连续捕获了7只棱皮龟。有趣的是，棱皮龟的喙里不长牙齿，在食道内壁有大而锐利的角质皮刺，可磨碎从口而入的食物，然后再进入胃肠进行消化吸收，因此可以说，它是在食道中"咀嚼"食物的。

每年5～6月间是棱皮龟的主要产卵季节，雌龟从海洋爬上海滩进行产卵。在产卵时，它们的行动十分谨慎，如果遇到外来干扰，便立即返回海洋。通常在晚上产卵，在沙滩上挖一个坑，一次可产卵90～150枚，一个产卵季节可多次产卵，产毕扒沙覆盖，人们不易发现卵穴痕迹。卵靠自然温度孵化，每窝卵中常有十多枚不能发育。刚孵化出来的稚龟体长5.8～6厘米，它们会立即奔向大海。

在我国，棱皮龟分布于广东、福建、浙江、江苏、山东、辽宁、台湾、海南等沿海，在上海长江口外海域也捕到过此龟。由于过度捕捉，加上人们在海洋中丢弃废塑料袋使此龟误认为是水母而误食，造成肠道阻塞而死于非命，所以数量日益减少。我国已将它列为一级保护野生动物，它也是国际保护动物。

棱皮龟是一种濒危的巨型海龟，以往为了对其进行追踪，海洋生物学家通常会给它们佩戴塑料识别标签。但是，这些标签极易脱落，不仅会在棱皮龟身上留下伤痕，也会令研究人员的努力前功尽弃。为此，棱皮龟保护组织和荷兰一家计算机公司合作开发出一套软件系统。原来，棱皮龟头顶上的斑点，与人类的指纹一样，是独一无二的。因而，相关软件就可以通过搜寻、对比这些斑点来识别一头棱皮龟的身份。也就是说，这头棱皮龟已经携带了"身份证"。

# 受保护的海龟

**蠵龟**

（龟鳖目 海龟科）

蠵龟（拉丁学名：*Caretta caretta*）是现存最古老的爬行动物。头较大，上、下颌均具极强的钩状喙。头部背面具有对称的鳞片，成体背部无棱。背部表面覆以角质盾片。四肢扁平呈鳍足状；前肢大，后肢较小，适于游泳。尾巴较短。背部棕红色或褐红色，有不规则的土黄色或褐色斑纹。以鱼类、甲壳动物和软体动物为食。为国家一级保护动物。

  我国产的海龟科动物共有4种，即蠵龟、绿海龟、玳瑁和太平洋丽龟，因数量稀少，都已列为国家一级保护野生动物。前面所说的棱皮龟，当然也是一种海产龟类，不过它的形态特征与这4种海龟有较大区别，所以归入棱皮龟科。

  1984年初，一只名叫"拉克"的野生蠵龟成了美国电视屏幕上的"新闻人物"。1983年的一天，这只可怜的雌性蠵龟被鲨鱼咬去了两只前鳍脚，血肉模糊的残肢上露出了给咬断的骨头。鳍脚是海龟游泳用的"桨"和"舵"，失去了两只前鳍脚，海龟便丧失了游泳能力。海洋生物馆馆长决心帮助拉克改变命运。他与美国著名人造关节专家巴雷博士联系，巴雷认为，如果能为拉克安装一副人工鳍脚，就能使它恢复游泳的本领。1984年1月17日，在巴雷主持下，史无前例的安装人工鳍脚的手术获得了成功。在科学家们确信人工鳍脚可以保证拉克在大海中生存之后，拉克将被送回浃浃无际的大海，回到它阔别一年多的老家。

  蠵龟又叫"赤蠵龟"，体长约1米，体重约100千克。它头大，头背有对称排列的鳞片，其中前额鳞2对；背甲呈心形，末端尖狭而隆起，有5对肋盾；四肢呈桨状，适于游泳；尾较短。此龟背面棕褐色，杂以不规则的黄色或黑色斑纹，腹面淡黄色。它们生活在温水海域，以大陆架为"家"，甚至可进入海湾、河口、咸水湖，是海产龟类中分布地区最北和最南的种类。这种动物以鱼类、甲壳动物和软体动物为食。5～7月繁殖，雌雄龟在产卵场沿海岩礁间交配。雌龟夜间上岸，在沙滩上挖穴产卵。一次产卵130～150枚，在岩礁间休息2～3周后，可再产一次卵。产卵完毕，雌海龟趴沙覆盖，将卵埋在沙下。经50天左右自然孵化，稚龟破壳而出，即向大海奔去。在国内此龟分布于广东、广西、台湾、福建、浙江、江苏、山东等沿海。上海长江口外海域也

◀ 蠵龟（Hispalois 供图）

有，在黄浦江中也捕到过。由于此龟的肉和卵都可食，全身均能利用，所以捕杀过度，以致数量日渐减少。除我国进行保护外，它也被《濒危野生动植物种国际贸易公约》列为禁贸动物。

绿海龟又叫"海龟"，个头略大于蠵龟，体长1.0～1.3米，体重约100余千克。它外貌似蠵龟，不过头部前额鳞只有1对，背面橄榄色或棕色，腹面黄白色，两面都有色泽斑纹。这种龟生活在热带和亚热带海洋中，每年按洄游路线在近海沿岸的海水上层活动。在海洋中它行动迅速，善于潜游，但不大集群。绿海龟性温和，主要以海藻为食，也吃鱼类、头足类软体动物、甲壳动物等。在我国西沙群岛，每年4～10月是绿海龟的繁殖季节，它们成群结队来到海滨，在礁盘附近的水面上交配。

▼ 绿海龟

雌龟多在晚上10点以后爬上沙滩挖坑产卵,有时也在清晨产卵,每次产卵一百多枚,最多可达200枚。产后它用后肢给卵盖上大约10厘米厚的沙,并将卵坑弄平,使之不易被发现,最后才精疲力竭地爬回大海。卵在沙里借阳光的温度孵化50～70天,稚龟孵出后钻出沙层,很快爬入大海。在我国,绿海龟分布于北起山东沿海,南至广东沿海,尤以南海诸岛为多。历史上,我国的绿海龟资源极其丰富,因为此龟有较高的药用和肉用价值,所以长期进行滥捕滥杀,滥挖龟卵,以致数量急剧下降。1985年5月,我国第一个海龟自然保护区在广东惠东县建立,它的建立标志着我国海龟保护工作进入了一个新阶段。

玳瑁的个头比前面两种海龟小,体长不超过1米,一般只有几十厘米,体重45千克左右。它的头背部有对称的大鳞;背甲棕红色且有黄色花斑,盾片都呈覆瓦状排列,有4对肋盾,光泽美丽,十分悦目;腹部为黄色。玳瑁生活在热带和亚热带海洋中,经常出没于珊瑚礁中。它生性凶猛,主要捕食鱼类、虾、蟹和软体动物,也吃海藻。它的上下颚强而有力,不仅能弄碎蟹壳,还能嚼碎软体动物的坚硬外壳。每年3～4月是玳瑁的产卵期,雌龟白昼上陆在海滩挖穴产卵,可产3次,每次产卵130～200枚,稚龟2个月左右孵化出来,其他繁殖习性与绿海龟相似。在我国,玳瑁分布于广东、台湾、福建、浙江、江苏、山东、海南和西沙群岛等沿海,在上海长江口外海及佘山洋附近水域也有分布。玳瑁角质盾片色泽艳丽,且具金属光辉,是珍贵的工艺品原料,可制眼镜框、发夹、梳子、表带和其他工艺品。此外,角质盾片还是我国传统的中药材,有解毒清热、定惊潜阳的作用。由于世界性的需求量很大,玳瑁的数量已日益减少,应该通过世界范围内的保护,以达到合理利用的目的。

太平洋丽龟是海产龟类中最小的一种,体长60～70厘米,体重约12千克。背甲的长度与宽度几乎相等,末端微尖,后缘稍呈锯齿状,有6～8对肋盾。背面橄榄绿色,腹面平而黄白色。它生活在太平洋、印度洋的温水浅海中,主

▼ 玳瑁角质盾片色泽艳丽,是珍贵的工艺品原料

▲ 太平洋丽龟（Bernard Gagnon 供图）

要捕食底栖或漂浮的甲壳动物、软体动物、水母和其他无脊椎动物，偶尔吃鱼卵，也吃海藻等植物性食物。每年9月至翌年1月是太平洋丽龟的产卵期，届时雌龟集群上岸产卵，每次产卵90～135枚，经50～60天自然孵化。在国内它分布于江苏、浙江、福建、台湾、广西、广东、海南等沿海，在上海黄浦江也有捕到太平洋丽龟的记录。由于此龟的卵和肉可食，甲可制装饰品，所以人们常在它的产卵场大肆捕杀，以致目前数量稀少。除我国进行保护外，它已被列为国际性保护动物，禁止国际贸易。

▲ 地龟（Spengleri 供图）

# 龟 科 动 物

**地龟**

（龟鳖目　地龟科）

地龟（拉丁学名：*Geoemyda spengleri*）半水栖龟类。体型较小。头部浅棕色，头较小，背部平滑，上喙钩曲，眼大且外突。后肢浅棕色，散布有红色或黑色斑纹，指、趾间蹼，尾细短。分布于中国广东、广西、湖南等地。为国家二级保护野生动物。

在我国产的龟科动物中，地龟、三线闭壳龟和云南闭壳龟，因数量稀少而被列为国家二级保护野生动物。

地龟又叫"泥龟""金龟"，头小，呈褐色，上颚钩曲；背甲长11～12厘米，宽约8厘米，为浅褐色，有3条纵棱，盾前后缘突出呈锯齿状；腹甲中央黑色，边缘浅黄色；四肢浅棕色，有黑色和红色斑纹。地龟属于半水栖类型，生活于山区丛林近溪流的阴湿地区，有的生活在河流中，有的生活在山区树木丛生的地方。国内分布于广东、广西、湖南等地。

在闭壳龟这一家族里，除了三线闭壳龟和云南闭壳龟外，我国还有海南闭壳龟、黄额闭壳龟、黄缘闭壳龟等。这类龟的主要特点，是腹甲与背两侧有能活动的韧带相连，一旦遇到危险，它们的头、尾和四肢都可缩入两甲中间，由腹甲前、后缘向上闭合，故得名"闭壳龟"。

三线闭壳龟又叫"金钱龟""金头龟""红肚龟"。它的头部有两种颜色，前面褐色，后面橄榄色；颈部橄榄绿色，有黑色带状斑纹；背甲棕褐色，长约17厘米，宽约13厘米，虽向上隆起但不高，上有3条黑色纵棱；腹甲黑色，有可活动的韧带，但前、后缘向上闭合时不完全；前后肢的背面橄榄色，腹面黑色，杂有黄斑；尾长而尖细。三线闭壳龟生活在山谷河流中，垂直分布在50～400米范围内，主要以蚯蚓为

◀ 三线闭壳龟（Thomas Hardwicke 供图）

▲ 云南闭壳龟（Cuora供图）

食。在我国这种龟分布于广东、广西、福建、海南等省区，是南方著名的药用动物。

　　云南闭壳龟与三线闭壳龟外形相似，不过它的颈部没有显眼的橄榄绿色，背甲稍扁，腹甲后缘有明显的缺刻。此龟栖息在云南海拔2 000～2 260米的高原地带，以小鱼、虾和蚯蚓等为食。

# 受保护的陆龟

**四爪陆龟**

（龟鳖目 陆龟科）

四爪陆龟（拉丁学名：*Testudo horsfieldii*） 头比较小，顶部有对称的大鳞；喙缘锯齿状。前肢粗壮而略扁，后肢为圆柱形；四肢均有四爪，指、趾间无蹼。前臂与胫部有坚硬大鳞。以植物的根、叶、花、果实为食，分布于中国新疆。为国家一级保护野生动物。

▼ 四爪陆龟（Väsk供图）

七 两栖动物和爬行动物

▲ 凹甲陆龟为国际性保护动物（Lokionly供图）

我国陆龟科只有3种龟类，即四爪陆龟、凹甲陆龟和缅甸陆龟，均为国家一级保护野生动物。

四爪陆龟又叫"旱龟"，体形较短小，头的背面有对称的大鳞，喙缘锯齿状。背甲高而隆起，与腹甲直接相连，中间没有韧带组织。四肢强壮，上被鳞片，指、趾都有4个爪，没有蹼。尾较短。这种龟生活于海拔700～1 000米的黄土丘陵草原半荒漠地区，隐匿于洞中，白昼外出活动，以植物为食。目前仅知此龟产于新疆霍城，数量极少，十分珍贵。

凹甲陆龟的头部棕色，头顶上有2对前额鳞。背甲棕色，高高隆起，前后缘都上翘，且呈强锯齿形；背甲上的脊盾和肋盾都明显凹陷，故得名"凹甲陆龟"。它四肢粗壮呈圆柱形，前肢有5个爪，后肢只有4个爪。尾较短。此龟生活在东南亚高原森林地区，以植物、果实为食。1964年夏天，我国在海南省海口市得到第一只凹甲陆龟，其背甲长约21厘米，宽约15厘米，壳高约9厘米。它的腹甲与背甲也直接相连，其间没有韧带组织。此龟在我国仅产于海南岛和云南西双版纳，数量极少，除我国进行保护外，还列为国际性保护动物。

# 头部有疣状突起的鼋

**鼋**

（龟鳖目 鳖科）

鼋（拉丁学名：*Pelochelys cantorii*）亦称"绿团鱼"，俗称"癞头鼋"。吻突很短，长不及眼径的一半。背甲近圆形，散生小疣，暗绿色，腹面白色。指、趾间具全蹼，均具三爪。前肢外缘和蹼均呈白色。栖于水流缓慢的江河和水库深水中，牙齿锋利，以鱼、虾、螺、蚬等为食。食量很大，有极强的耐饥能力。为国家一级保护野生动物。

鳖又叫"甲鱼"，是一种常见的食用动物，大者体重1千克左右，个别可达3 500克。在鳖科这一家族里，个头最大的要数鼋了。它的外形和鳖相似，体长却在55～80厘米之间，体重约50千克左右，据说最大者可超过100千克，被人称为鳖类中的体重冠军。鼋与鳖是不难区别的，前者除了个头大之外，吻部既不长又不尖，而后者却有个长而尖的吻部，所以在分类上两者虽同属鳖科，但非同属，前者归于鼋属，后者放在鳖属。

鼋又叫"绿团鱼"，因为它的头部常有疣状突起，所以还称它"癞头鼋"。说起癞头鼋，民间传说它十分凶猛，例如《红楼梦》第23回中写道："宝玉急了，忙向前拦住道……要有心欺负你，明儿我掉在池子里，叫个癞头鼋吃下去……"有人做过考证，认为鼋伤人并非出于本性，而是为了自卫。当人们在岸上围困且捉弄它时，它才会发怒，趁人不备，突然对准一人猛咬一口，宁死不放。但在通常情况下，它很胆小，见人就逃。不过，鼋的力气极大，在浙江瓯江边岸，据说有人测量过一只大鼋的力气：把一块150多千克

▼ 鼋

的长石条压在一只体重80千克的鼋背上，石块上再登上6个壮汉，这只鼋却大模大样地朝着江心方向爬去，真不愧为"大力士"！此外，居住在瓯江边上的人们，经常有机会见到鼋浮出江面的情景：一般都是头部朝向下游，但一到夏季，有时也会见到它的头部朝向上游而浮起，那就是它向人们预报天气即将起变化：要下大雨，或者要涨大水了。为此当地人称它为"气象预报员"。

鼋与鳖不同于龟，浑身都被以柔软的皮肤，没有龟那样的角质盾片。鼋生活在缓流的江河和湖泊中，平时喜栖息在水底。它牙齿锋利，主要吃螺、蚬、蚌和鱼、虾。它的食量很大，在交配季节至冬眠前，一次食量可占体重的3%～5%。它还有极强的耐饥能力，被人们生擒后，常先绝食10～20天，并将已吞食的食物统统吐出。如果有人在水中遇上鼋后，故意浮在水面装死不动，它就会误认为是"尸体"而食之；反过来，如果人在水中行动如常，却从未听说有被鼋咬伤的。

自古至今，鼋一直是一种名贵的食品和药材。《左传》记有宋子公（即公子宋）夺食进贡鼋肉的故事：楚人给郑灵公献鼋肉，公子宋得知，认为鼋肉味香，古不常有，要尝个新鲜，结果被郑灵公拒绝。公子宋因而大怒，竟"染指于鼎，尝之而出"。这说明鼋肉在当时仅作为帝王的佳肴，就是皇亲国戚也不易吃到，公子宋斗胆尝了鼋肉，终于在历史上留下了"染指"（比喻攫取非所应得的利益）的坏名气。鼋蛋也早已被人们食用。《尔雅》载道：鼋"卵大如鸡鸭子，一产三百枚，人亦掘取，以盐腌之"。这里所说"一产三百枚"未免有些夸张。不过鼋是上岸产卵的，卵确实很多。鼋的药用价值，据宋明两代著名药学家苏颂、李时珍验证，它的柔软皮肤用黄酒浸泡后，可治瘰疬、恶疮、痔瘘、顽疥；它的内脏可杀百虫、解药毒、续筋骨，治妇女血热；它的脂肪可治恶疮；它的胆虽味苦有毒，但用生姜薄荷汁化服可治喉痹；它的肉甘平，有滋补作用，主治湿邪，也治诸虫。

古人虽早已利用了鼋，但是用量毕竟有限，所以在千百年前，鼋仍广泛分布在我国南方各省的江河湖泊里，而且数量很多。后来由于人们长期大肆捕杀，加上鼋的生存环境发生了变化，致使其数量急剧减少，至今已成为幸存不多的一种爬行动物了。根据记载，鼋在我国分布于云南、江苏、浙江、福建、广东和广西。据说，目前除浙江的瓯江还有少量鼋外，其他地区已十分罕见，有人怀疑可能已经灭绝。我国已将这种动物列为一级保护野生动物。

# 珍稀的山瑞鳖

**山瑞鳖**

（龟鳖目 鳖科）

山瑞鳖（拉丁学名：*Palea steindachneri*）亦称"山瑞"。形似鳖而略大，且较肥厚。体背深绿色，有黑斑。背甲前缘有一排粗大疣粒。颈基部两侧各有一团大瘰疣。腹面白色，满布黑斑。四肢扁平，指、趾间有发达的蹼，适于在水中游泳和潜水。生活在山涧溪中或山区河流、水塘中。白天爱在岩边晒太阳。捕食鱼、虾、蛙、甲壳类，也吃动物尸体。

在外貌上，山瑞鳖与人们俗称"甲鱼"的鳖十分相似，不过它的个头比鳖稍大，且较肥厚，大者背甲长达32厘米，宽23厘米。鳖广泛分布于我国西北以外的广大地区，而且数量很多，在市场中经常可以见到，而山瑞鳖仅分布于云南、贵州、广西、广东、海南等省，而且数量稀少，现已列为国家二级保护

▼ 山瑞鳖（Simon J. Tonge 供图）

野生动物，严禁任意捕捉和出售。

山瑞鳖又叫"山瑞"，头部较大，吻突出，并形成管状吻突，鼻孔开口于吻突端，常见它露出水面进行呼吸。它皮肤柔软，没有龟那样的角质盾片。颈部较长，颈基部两侧各有一团大瘰粒，背盘前缘有一排粗大的凸粒。它的身体背面深绿色，上有黑斑；身体腹面白色，布满黑斑。它四肢扁平，指、趾间有发达的蹼，都具3爪，适于在水中游泳和潜水。雄性尾狭而长，可超出裙边，雌性尾宽而短，据此可以区别其雌雄。

山瑞鳖生活于我国南方的江河、山涧、溪流和水塘中，以软体动物、甲壳动物、鱼类和蛙类等为食，也吃动物尸体。它们白天喜欢在岸边晒太阳。繁殖时雌性在沙滩或泥地挖坑产卵，产卵完毕用沙土或泥土把卵覆盖起来。卵圆形，孵化期约80天。幼鳖出壳后，自己会爬到水域中。

由于山瑞鳖的肉可食，鳖甲能入药，因而过去人们大肆捕捉，这是造成目前数量稀少的一个重要原因。

▲ 扬子鳄俗称"猪婆龙"

# 扬子鳄的春天

**扬子鳄**

（鳄目 鼍科）

扬子鳄（拉丁学名：*Alligator sinensis*）即"鼍"，俗称"猪婆龙"。背部暗褐色，具黄斑和黄条；腹面灰色，有黄灰色小斑和横条；尾部有灰黑相间的粗环纹。穴居池沼底部，以鱼、螺、蛙、小鸟及鼠类为食。尾粗硬如鞭索，发现水边有野兔等猎物时，会挥动粗尾，把猎物打入水中，饱餐一顿。冬日蛰居穴中。中国特有。为国家一级保护野生动物。

全世界共有25种鳄，我国仅产2种，即湾鳄和扬子鳄。前者是最大的鳄，体长可超过10米，分布于印度、斯里兰卡、马来半岛及澳大利亚北部，宋代以前我国广东沿海也有发现，但早已灭绝；后者是我国的特产动物，而且是今天我国唯一的鳄种，显得十分珍贵，现已列为国家一级保护野生动物。

扬子鳄又叫"鼍"，俗称"猪婆龙"。它体长2米多。背部暗褐色，有黄斑和黄条；腹面灰色，有黄灰色小斑和横条；尾部有灰、黑相间的环纹。它的模样十分迟钝：头颈短而粗，头好像直接长在躯干上，无法转动；又短又粗的四条腿，支撑着沉重的身体，在陆地上活动起来不太灵活。

扬子鳄是水陆两栖的动物，主要栖息于水中。它的后肢四趾间有蹼，与橹桨状的侧扁尾巴互相配合，可以灵活敏捷地在水中游泳。它营巢于湖河浅滩芦苇或竹木丛生处，通常独居或一家共栖。在鳄类中，只有扬子鳄生活于温带，其他鳄都产于热带或亚热带，不过到了寒冬季节，扬子鳄必须深入地下窟穴蛰伏。穴深2～3米，常有1～3个进出口，窟顶有1～2个通气小孔；内窟是长而弯曲的简单或分岔的隧道，长度4.5～20米不等，因年龄与性别不同而异。窟内铺垫着枯叶、水稻、杂草、茭白茎叶等；另有宽大空室，是其冬蛰偃卧之处。

▼ 扬子鳄是珍贵的中国特有种

4月下旬至5月，扬子鳄出蛰。5～6月是它们的繁殖季节，此时雄伏雌背，以尾绕雌尾腹，进行体内受精。7～8月，雌鳄在窟旁草丛中产下约26枚卵。卵白色，大小如鸭蛋，经6～9周孵化后，雏鳄用上颚吻顶破壳而出，或发声让亲鳄帮助出壳。刚出生的幼鳄只有13厘米长，十分虚弱，动作笨拙，常被悍猛动物吞食，因此需要有亲鳄护视其侧。风和日暖的天气，扬子鳄常出穴浮在水面上，晒太阳取暖。夜间它外出觅食，主要吃螺、蚌、虾、蟹、鱼、蛙，也食小鸟和鼠类。因为它有一条粗硬如鞭索的尾，发现水边有野兔等较大猎物时，会突然挥动粗尾，把猎物打入水中，饱餐一顿。饱食之后，它能较长时间不食。

扬子鳄是一种很好的观赏动物，它的科研价值和经济价值都极高。在古老的中生代，扬子鳄和恐龙一样，曾经称霸地球。后来由于气候变化，它由陆生动物衍化成水陆两栖动物。它在地球上生活了两亿年，是名副其实的老寿星。过去扬子鳄盛产于安徽、江西、江苏、浙江的长江沿岸沼泽地带，20世纪50年代的九江、芜湖一带还相当多。后来由于城乡发展，人口增殖，使其适宜的生活环境相应减少，加上采猎频繁，就比较少见，分布区域只局限于江苏、安徽的长江南岸，而且数量稀少，可谓无价之宝。

为此，我国政府于1972年将扬子鳄列为国家一级保护野生动物，1973年《濒危野生动植物种国际贸易公约》将它列入重点保护动物名录，禁止贸易。1981年据专家估计，野外生存的扬子鳄仅有300～500条，这一物种可能在10年内灭绝。时至今日，估计现今野生扬子鳄总共只有130～150条。然而令人高兴的是，时至今日，扬子鳄不仅没有灭绝，而且数量已大大增加。安徽国家级扬子鳄自然保护区的建立，扬子鳄繁殖研究中心的建成，宛如春风化雨，促成了扬子鳄春天的到来。现在我国人工孵化鳄卵、人工繁殖鳄群技术已走在世界前列。现如今，人工繁殖扬子鳄的数量已从初期的170条增加到20 000多条，现在每年的繁殖数量都在1 500条以上。扬子鳄的春天来临了。在祖国的江河湖泊里，这份大自然赐给我们的宝贵自然资源，必将在人类的保护下，不断地繁衍昌盛。

▲ 正在捕食的大壁虎

## 动物世界的"蜘蛛侠"

**大壁虎**

（有鳞目 壁虎科）

大壁虎（拉丁学名：*Gekko gecko*）亦称"蛤蚧""仙蟾"。背面紫灰色，有赤色斑点。尾部暗灰色，有七条环带状斑纹；腹面灰白色，散有粉红色斑点。指、趾间仅具蹼迹，指、趾底面有单排皮瓣。栖于山岩间、树洞内或墙壁上。夜出活动，两性均鸣叫，常在墙壁上、屋檐下行走如飞，捕食昆虫、小鸟、蛇类及其他种壁虎。为国家二级保护野生动物。

你看过美国电影《蜘蛛侠》吗？影片中的主人公身怀绝技，能飞檐走壁，沿着高楼墙壁爬上爬下，让人佩服得五体投地。然而，动物世界的"蜘蛛侠"——大壁虎，早就在自然界中大显身手了。大壁虎是夜间活动的动物。夏秋的夜晚，它们凭借一身轻便的功夫，常在墙壁上、屋檐下、纱窗上或电线杆上行走如飞，主要捕食蚊、蝇和飞蛾等害虫，偶尔也吃其他蜥蜴和小鸟等。

大壁虎栖息在荒野的岩石缝隙中或树洞内，有时也在人们住宅的附近活动。一旦遇险，它会自动截尾逃跑。过一些日子，它又会再生出一条新尾巴来。民间流传着一种说法：壁虎的断尾巴会钻到人的耳朵里去，这是不可能的。刚断下来的尾，由于里面的神经和肌肉尚未死去，会在地上颤动，这可以转移敌害的视线，但绝不会钻进人的耳中。

大壁虎是我国传统的中药材。因为它的鸣声像"ge——jie"，所以药材名叫"蛤蚧"，在明代《本草纲目》中叫它"仙蟾"，广东人称它"蚧蛇""合蛇"。一般认为蛤蚧的药效全在尾部，因而常将活大壁虎的尾剪下作药，等它再生一新尾后再剪用。至于大壁虎的药用价值，据《本草纲目》记载，可补肺气，益精血，定喘止咳，治肺痈消渴，助阳道。目前中医常用以治疗神经衰弱、肺结核、老人虚弱性喘咳、心脏性喘息、面浮身肿、老年性慢性支气管炎等。由于长期来大量采捕，大壁虎的数量已大大减少，近年来已开展人工养殖，并将它列为国家二级保护野生动物。国内大壁虎主要分布于广西、广东、云南、福建、台湾。

我国南京航空航天大学的戴振东教授等人，被大壁虎的魅力吸引住了。这种动物简直像出色的杂技表演家，可以在各种形状的物体表面和十分狭小的空间里穿梭身如，只需20秒钟就能爬上10层楼的窗户，仅仅依靠一个脚趾便能把自己悬挂在空中。大壁虎的负重能力非常了得。在天花板上它的负重可以达到自身体重的5倍（这种动物的平均体重是70克）。因而，背负总重75克的微型通信设备、视觉传感器和电源的大壁虎，仍然能在峭壁上疾走如飞。

2007年年底，戴振东等人研制成了一种机器壁虎。那是一只活生生的大壁虎，只不过在它大脑的一定部位植入了微型电极。科学家只要发出电信号，就可以让它乖乖地"服从命令听指挥"了。科学家控制了大壁虎的行动以后，就能在它身上安装摄像头或传感器等，让"全副武装"的大壁虎去执行特定的搜救、反恐和探测等任务。例如，一旦发生矿难，救生员难以进入废墟侦查时，机器壁虎就能挺身而出，带着探测设备进入矿井，代替人类执行救灾侦查任务。机器壁虎的最大优点是不用电，而且它那绝妙的攀爬能力，是眼下的爬墙机器人所望尘莫及的。

▲ 巨蜥亦称"五爪金龙"

# 蜥蜴之王

**巨蜥**

（有鳞目　巨蜥科）

巨蜥（拉丁学名：*Varanus salvator*）亦称"五爪金龙"。背鳞颗粒状，呈黑橄榄色，有不鲜明的黄色点状环纹；腹面淡黄色。尾长而侧扁，梢端尖细。多生活于近水处，能游泳，也能攀爬矮树，还能入水捕鱼，捕食蛙、蛇和小型鸟兽。分布于中国广东、海南、广西、云南、台湾、香港等地；为国家一级保护野生动物。

　　巨蜥科是蜥蜴目中个头最大的类群,又称"蜥蜴之王"。一般体长1米左右,最大的是产于印度尼西亚的科摩多巨蜥,身长可达4米左右。本科共有20多种,我国仅产巨蜥一种,体长可达2.5米,起码有15千克重。它头似蛇头,紫红色的细长的舌头一伸一缩,昂着头东张西望,看上去怪吓人的。它浑身长着灰黑色掺杂有黄绿色花斑的鳞甲,后面拖着一根长尾巴。粗短的四肢一前一后地在沙滩上爬行,趾头上有锐利的长爪,会在爬过的地方留下深深的脚印。

　　巨蜥栖息在山区溪流附近或沿海河口一带,既善游泳,又能爬树,常入水捕鱼吃,也食鼠、蛙、蛇、鸟、其他爬行动物和昆虫,还吃动物的腐尸。遇到敌害时,巨蜥有多种对付方法:一是立刻爬上树去,用爪子擦树,发出噪声进行威吓;二是一边鼓起脖子,使身体变得粗壮起来,一边发出嘶嘶声,吐出长舌头,恐吓来犯者;三是如果情况危急,它会把吞下不久的腐尸或其他肉浆等喷射出来,然后乘机溜走;四是受到惊扰时,将尾收近体侧,等敌害靠近时,突然将尾甩出进行攻击,人如果遭到这种甩打,也会感到非常疼痛。每年6月间在岸边洞穴内或水边树洞中产卵,每次产卵15～30枚。仅分布于我国广东、广西及云南南部,且数量稀少,已列为国家一级保护野生动物。

▲ 鳄蜥因大小和爬行姿势酷似小鳄鱼而得名（Spacebirdy 供图）

# 我国特有的鳄蜥

**鳄蜥**

（有鳞目 鳄蜥科）

鳄蜥（拉丁学名：*Shinisaurus crocodilurus*） 亦称"大睡蛇""雷公蜥""雷公蛇"。背面棕黑色；体侧棕黄色，有黑纹；腹面带红色及黄色，有黑斑。尾部有黄、黑相间的横纹。四肢发达，爪子锐利，尾巴侧扁。栖息山涧溪边的林丛中，常伏在树枝上假睡，捕食昆虫、小鱼等。分布于中国广西瑶山；亦见于越南。为国家一级保护野生动物。

鳄蜥也叫"雷公蜥"。因为它仅产于我国广西瑶山，所以又名"瑶山鳄蜥"。它和新西兰的楔齿蜥一样，也是古老的珍贵动物。这是一种蜥蜴，但形状、大小和爬行姿势却很像小鳄鱼，因而被称为"鳄蜥"。

这种动物体长30～36厘米。它头高顶平，四肢发达，爪子锐利，尾巴侧扁。体表被有大小不同的鳞片，尾背面的大鳞片排成两行嵴棱，与鳄鱼的尾巴相似。体背面黑褐色，腹面黄白色，头侧有放射状的黑褐色纹，尾部有11～12条黑色与棕绿色相间的横斑。平时鳄蜥生活在山溪、河岸的灌木丛中。白天，它捕食蝗虫等昆虫，也吃小鱼和蝌蚪；夜间大多伏在塘边上方的树枝上假睡，一受惊扰，立即落入水中隐蔽起来。被人捉住后，鳄蜥往往装死躺下，捕捉者一不小心，会被它死死咬住不放。鳄蜥是卵胎生动物，每次产幼蜥2～7只。刚出世的幼蜥，体长11～13厘米。

自生物学界把鳄蜥公布于世到现在，已经半个多世纪了，世界其他地区仍然没有发现这种动物，所以它是地地道道的中国特有动物，而且在国内又仅分布于广西瑶山，十分珍贵。野生鳄蜥现存数约2 500条，处于濒危灭绝的状态。我国已将它列为一级保护野生动物。

为了使这一世界珍稀动物免遭灭绝的厄运，我国已建立大瑶山、广东罗坑、广东林州顶鳄蜥自然保护区，并扩大保护区范围。除了严禁捕杀外，还保护其赖以生存的环境。产地群众经过生动形象的宣传、讲解以后，都以自己的家乡出产世界珍稀动物为荣，懂得保护鳄蜥的重要性，增强了保护珍稀动物的责任感。此外，1978年以来还开展了鳄蜥人工养殖试验，在人工饲养的条件下，雌蜥受孕率提高100%。

▲ 蟒蛇体大力强

# 我国最大的蛇——蟒

**蟒**

（有鳞目　蟒科）

蟒（拉丁学名：*Python molurus*）亦称"蚺蛇"。中国蛇类中最大的一种，无毒。长可达6米余。体色黑，有云状斑纹，背面有一条黄褐斑；两侧各有一条黄色带状纹。生活于热带、亚热带森林中，对热敏感，能感知周围大于0.026℃的温差。夜出活动。以鼠、兔、鸟、蜥蜴、羊、麂、猪及家禽等为食。为国家二级保护野生动物。

蟒又叫"蟒蛇""蚺蛇""琴蛇""南蛇""巴蛇"等。它一般体长5～6米，长的可超过7米，体重约有60千克，不仅是我国最大的蛇，而且在世界蛇类中也名列前茅。它体躯粗大，浑身被覆细小鳞片，背面褐色，有近似多边形的暗褐色大斑纹。头较小，吻扁而钝，吻鳞和前二枚上唇鳞上有一唇窝，对热敏感，能感知周围大于0.026℃的温差，敏感度虽比不上蝮蛇类的颊窝，但能觉察一定范围内的温血动物。猎食时，蟒先迅速咬住猎物，然后用前半段身躯紧紧地缠绕几圈，将猎物活活勒死后，再从容吞吃。

蛇吞大象的事，虽有传说，但谁都没有见过，其实是不可能的。可是，蛇吞鸡、兔、羊、鹿和家猪的事，却时有发生。我国海南岛的蟒蛇曾吞食过小羊，广州郊区有条蟒蛇也吞食了牧场的一头成年羊。在云南西双版纳的密林中，傣族人曾发现一条6米长的蟒蛇爬在大树上。这时正巧有一头水鹿从树下路过，大蟒从树上飞扑而下，用身子紧紧地将水鹿缠绕起来，把水鹿勒死，然后张口吞食。1982年10月21日凌晨，香港新界地区有一条蟒蛇闯入了一个牛栏，把一头刚出生4天、重约12千克的牛犊吞了下去。

那么，蟒是怎样吞下比自己的头大好多倍的猎物的呢？原来，它的下颌骨左右两半不是固着的，而是以有弹性的韧带相连，颌部皮肤松弛，可以充分扩张。下颌骨并不直接连于头骨，是通过方骨间接连在颅骨上，所以蛇能把嘴巴张开到130度以上。这一套构造，很像一个能撑开的帆布桶，吞食时，尽力罩在猎物外面。尤其奇特的是，蛇的口腔内长有像倒钩一样牙齿的成对骨头，都能左右交替活动，轻易地就把已经包在口内的猎物左拉右扯地囫囵吞下。由于蛇没有胸骨，体壁能够自由扩张，加上了口腔分泌的唾液的"润滑"作用，猎物就很快被送进胃中。此外，蟒在吞食大动物之前，首先把猎物边缠边收紧，直到猎物窒息致死，并缠挤成长条状，或者从动物的头部吞起，使动物的肢体顺成长条，便于吞入。

蟒生活在亚洲南部热带及亚热带地区的树林中或溪涧附近，常缠绕在树上，也能游泳。它是卵生的，每年6月开始产卵，卵数可达100枚左右，卵白色，重80克左右。雌蟒有蜷伏卵堆上的习性，这期间不吃不喝，体内发热，体温较平时升高几度，有利于加快卵的孵化。在国内蟒分布于广东、广西、福建、云南和贵州南部。它虽体大力强，但属于无毒蛇，不会咬人，捕捉也不太难，一般在进食以后行动不便，这时最容易捕捉。蟒也畏惧某些野生植物（如葛藤、草苫等）和某些特殊的气味，当地的群众遇到蟒时，如将葛藤等投去，蟒即驯伏不动，很容易用葛藤捆住抬回。此外，蟒的经济利用价值较大，可食用、药用、工艺用和观赏用，所以人们曾大量捕捉，加上它栖息地受到破坏，因而目前数量十分稀少，国家已把它列为二级保护野生动物。

蟒

# 八

# 鱼类和头索动物

# 我国特有的近海底层鱼类

**黄唇鱼**

（鲈形目 石首鱼科）

黄唇鱼（拉丁学名：*Bahaba taipingensis*）体侧扁，长约1.5米。背侧褐黄色，腹侧灰白色，胸鳍腋下有一黑斑。为近海底层鱼类，也是肉食性鱼类，以虾、蟹等甲壳动物和小鱼为食，幼鱼主要吃虾类。一般见于中国长江口以南沿海。为国家一级保护野生动物。

    黄唇鱼又叫"白花鱼"，体长约1.5米，重15～30千克，大者可达50多千克，是一种暖温性底层大型鱼类。它的身体延长，侧扁，尾柄细长。体背侧灰棕色略带橙黄色，腹侧灰白色稍带淡黄色，背鳍鳍棘部和鳍条部边缘黑色，胸鳍腋下有一个黑斑，腹鳍和臀鳍浅色，尾鳍灰黑色。它的耳石形状与其他石首鱼科鱼类不同，是长方形的。

    黄唇鱼栖息在水深50～60米海区，幼鱼一般栖息于河口咸淡水区域附近或沿岸浅水区，也可生活在江河下游淡水区。此鱼是肉食性鱼类，以虾、蟹等甲壳动物和小鱼为食，幼鱼主要吃虾类。

▼ 黄唇鱼

    由于黄唇鱼鳔的形态已经转化，形成了一种独特的类型，在系统发育上成为石首鱼科的一个小支，因而具有重要的学术价值。它的肉不仅可食，而且味美。特别是它的鳔十分名贵，被列为上等滋补品，可供药用，有强身治虚、滋补肝肾的疗效。

    在我国，黄唇鱼仅分布于东海和南海，所以是我国的特有鱼种。过去由于捕获过多，有些产区数量已很少，我国已将它列为一级保护野生动物，禁止捕捉。

# 我国四大名鱼之一——松江鲈鱼

**松江鲈鱼**

（鲉形目 杜父鱼科）

松江鲈鱼（拉丁学名：*Trachidermus fasciatus*） 头圆，向后渐侧扁。头部有棱无棘，口大，上颌略长。胸鳍下部鳍条不分支。鳃膜上有两橙色斜纹，酷似2片鳃叶，故有"四鳃鲈"之称。性凶猛，以鱼、虾为食。与黄河鲤鱼、松花江鳜鱼、兴凯湖白鱼，并称为我国四大名鱼。为国家二级保护野生动物。

松江鲈鱼又叫"四鳃鲈鱼""花鼓鱼""媳妇鱼"，它与黄河鲤鱼、松花江鳜鱼、兴凯湖白鱼，并称为我国四大名鱼。此鱼不是我国特产，朝鲜、日本、菲律宾等地也有，且国内分布广泛，好多地方都产这种鱼，但据古书记载，以上海松江的最出名，所以叫"松江鲈鱼"。又因为它的左右两个鳃膜上，各有

▼ 松江鲈鱼（Momotarou 2012供图）

两条橙红色的斜条纹，仿佛四片鳃叶，所以又叫"四鳃鲈鱼"。

松江鲈鱼承载着悠久的历史和厚重的文化传承。这是一条让西晋文学家张翰朝思暮想，最终为此辞官回乡的鱼；这也是一条让杜甫、范仲淹、苏东坡等大文豪不惜笔墨大肆赞美的鱼。隋炀帝曾盛赞此鱼为"金菡"；康熙、乾隆两帝南巡时，对松江鲈鱼也是赞不绝口，赐封"江南第一名鱼"。

松江鲈鱼的身体延长，头大而平扁，后部近圆筒状，体长约12厘米。体黄褐色，有褐色横纹，鳞退化。胸鳍宽大，圆形；背鳍两个，基底相连；尾鳍圆截形。它栖息于近海沿岸浅水水域以及与海相通的河川江湖中。此鱼具降河洄游习性，在淡水水域里生长、肥育，到河口近海区繁殖。成鱼在生殖季节，从淡水降河入海，进行生殖洄游。降河的时间与当地的水温有密切关系，在长江三角洲，大多开始于11月底，至翌年2月上旬结束，历时约2个多月。幼鱼溯河期自4月下旬开始，由近海溯河进入淡水区域，至6月上中旬结束，5月为溯河盛期。此鱼营底栖生活，白天潜伏在水底休息，夜间出来觅食，生性凶猛，以鱼、虾为食。在生殖期不摄食，雌鱼产卵完毕后先离去，雄鱼留在巢内护卵。

松江鲈鱼的肉细嫩、洁白，没有腥气，是野生鱼类中最鲜美的一种，且营养价值很高，深受人们喜爱，驰名古今中外，自古以来就被誉为上乘珍肴。此外，它"性甘平"，可入药治病。由于过去捕捞过多，加上栖息环境被破坏，目前数量已不多，我国已将它列为二级保护野生动物。国内分布于东海和黄海沿岸，也进入内陆水域。

目前，松江鲈鱼在松江的养殖基地已有400亩，年产几万尾不成问题。如今，人工养殖的松江鲈鱼一年四季都能出现在餐桌上，正是保护与开发结合并进的一大成果。

# 有"鳝王"之称的花鳗

**花鳗**

（鳗鲡目　鳗鲡科）

花鳗（拉丁学名：*Anguilla marmorata*）亦称"鳝王""鲈鳗""雪鳗"。体延长，呈圆筒形，尾部侧扁。体灰褐色，腹面白色。头颇长。吻圆钝。口宽大。鳞小。一般栖息于河口、山涧、溪谷和水库的石隙洞穴中。生性凶猛，昼伏夜出，以小鱼、虾、蟹、蠕虫、水生昆虫、鼠类等为食。为国家二级保护野生动物。

　　花鳗的外貌很像黄鳝，大者可达10多千克，所以产地称它"鳝王"。

　　花鳗又名"鲈鳗""雪鳗"，体长而粗壮，前部似圆筒，后部稍侧扁。它的体背侧密布黄绿色斑块和斑点，腹部乳白色。胸鳍边缘黄色，其余各鳍也有许多蓝绿色斑块。这种动物头短，吻大，眼较小，位于头侧的前端。鳞细小，各鳞互相垂直交叉，呈席纹状，埋于皮下。它的体表极光滑，有丰富的黏液。胸鳍近圆形，紧贴于鳃孔之后；背鳍、臀鳍与尾鳍相连，没有腹鳍。

　　花鳗为降河性洄游鱼类，栖息于江河、水库或山涧溪谷，尤以水库为多。它生性凶猛，昼伏夜出，以鱼、虾、贝类等为食。繁殖时入海产卵，鳗苗进入淡水，上溯江河，常随水流进入水库。春季在海南岛水库附近的河流中，人们常可捕到大量的花鳗鱼苗。此鱼为珍贵食用滋补鱼类，其肉味鲜美，且富有营养，因而活鱼售价甚高。国内分布于长江口、闽江口、海南等地。由于人们过度捕捞等原因，目前数量已减少，我国已将它列为二级保护野生动物。2007年3月厦门集美区设立了花鳗人工养殖试验基地，成功实现了人工养殖，花鳗作为商品鳗进入市场，成为餐桌上的美食。

▼ 花鳗（BEDO供图）

# 受保护的鲤科鱼类

**扁吻鱼**

（鲤形目　鲤科）

扁吻鱼（拉丁学名：*Aspiorhynchus laticeps*）俗称"新疆大头鱼"。中国特产鱼类，起源于3亿年前，有着"古鱼类活化石"之称。仅存于塔里木水系。属凶猛的大型肉食鱼类，主要以其他鱼类为食。为国家一级保护野生动物。

在硬骨鱼类中，论种类之多，当首推鲤科了。全世界约有1 000种，中国约有500多种。在我国产的500多种鲤科鱼类中，扁吻鱼等被列为国家一级保护野生动物，唐鱼、大头鲤、金线鲃、大理裂腹鱼等已列为国家二级保护野生动物。

扁吻鱼亦称"新疆大头鱼"，又叫"大头鱼""虎鱼"，身体呈梭形，稍侧扁，头较大，吻部扁平。它吻宽大，下颌略突出于上颌之前。在两侧口角处，有一对短小的须。身体表面有细鳞，但胸部裸露无鳞。背鳍有很强的硬刺，其后侧具有锯齿。它体背青灰色，腹部银白色，各鳍浅橙红色。体表有很多不规则的黑褐色斑点。此鱼是凶猛的大型肉食鱼类，主要以其他鱼类为食。4月底至5月初产卵，一条体长77厘米、重7.2千克的雌鱼，怀卵量可达19万多枚。

▼ 扁吻鱼（Francis Day 供图）

▲ 稀少而又美丽的唐鱼（Sannse供图）

新疆大头鱼是我国特有的经济鱼类之一，仅分布于我国新疆的塔里木河水系。目前因人类活动的影响，资源受到很大破坏，数量十分稀少。

唐鱼又叫"红尾鱼"，是一种稀少美丽的鱼类，有很高的观赏价值。它身体细小，仅2～3厘米长。在体两侧，从鳃孔上角到尾柄基部，各有一根金黄色条纹，条纹上下各有几条黑色线条；尾柄基部有一红色大圆斑，故又名"红尾鱼"；背鳍和尾鳍基部有许多红色小斑点；背鳍和臀鳍呈绿色，边缘透明，各鳞片上有许多小黑点。此鱼分布于广东省广州白云山和东、北江小溪流中。

大头鲤又叫"大头鱼""碌鱼"，最大体重可达2千克。它体侧扁，头大而宽，吻大呈弧形，眼大位于头的两侧正上方，唇薄，无须，鳞大。此鱼体背灰黑色，稍带绿色；腹部银白色。背鳍灰黑色，胸鳍、腹鳍、臀鳍和尾鳍下叶呈橘红色。它喜欢生活在清澄的水体中，经常活动于水的中上层，游动迅速，性活跃，离水后很快就死亡。大头鲤5～6月繁殖，怀卵量很多，3～4龄鱼的怀卵量可达13万枚，卵黏性，黏附于水生维管束植物上。这种鱼生长较慢，但性成熟较早，2龄鱼全部性成熟。主要以浮游动物为食，其中以枝角类和桡足类为最多，其次是轮虫，也吃少量硅藻、丝状藻和水生维管束植物等。此鱼仅分布在云南星云湖和杞麓湖。由于其头大，含脂肪量高，肉嫩味美，一直被当地人民作为待客迎宾的传统特产佳肴，现数量极少，属国家二级保护野生动物。

金线鲃又叫"金线鱼""波罗鱼""小洞鱼"，是温水性高原湖泊特产小型名贵鱼类。长达20厘米。体侧扁，背部稍隆起呈弧形。它全身淡黄色，背部略带青灰色，体侧近背部有许多黑色斑点，各鳍都为金黄色。上唇薄而下唇厚，有2对须。此鱼喜欢生活在水质清澈的多石块水域，尤其是岸边有地下水流出的洞穴，以浮游动物和小虾为食。金线鲃在4～7月进行繁殖，产卵在岸边洞穴或溪沟的石砾上。卵呈黏性，黏附在石砾上直到孵化。分布于金沙江水系的滇池和珠江水系的抚仙湖、阳宗海等地，都在云南省境内，其中以滇池为最多。此鱼肉鲜嫩味美，原为云南的名贵食用鱼，现数量很少，应进行保护。

大理裂腹鱼又叫"弓鱼""竿鱼"，是暖水性高原湖泊特有的小型名贵鱼

▲ 大理裂腹鱼为小型名贵鱼类

类。一般体长13～25厘米，体重100～200克，雌鱼比雄鱼稍大。体细长，略侧扁。体背浅褐色或黄褐色，腹部灰白色或略带淡黄色。它眼大，有2对须。体被细鳞，排列不整齐，鳞片的形状不规则。这种鱼喜欢栖息于静水环境的中上层，以浮游动物为食，主要是枝角类和桡足类，也吃昆虫和昆虫幼虫。大理裂腹鱼在4～7月进行繁殖，在流水中产卵，卵沉于水底，受精卵黏附于石砾、岩石上，在缝隙处的流水中孵化。它分布于云南洱海及其支流。

# 成鱼淡红色的胭脂鱼

**胭脂鱼**

（鲤形目 亚口鱼科）

胭脂鱼（拉丁学名：*Myxocyprinus asiaticus*）俗称"火烧鳊"。体侧扁而高，呈斜方形。体橙色，雄鱼具一红色纵带。头小，口下位，唇肥厚，向外翻出，呈吸盘状。杂食性，主食底栖无脊椎动物。可养殖。生长快，个体大，是传统的名贵鱼类。为国家二级保护野生动物。

▼ 胭脂鱼是养殖业的理想鱼种（Myxocyprinus供图）

胭脂鱼又叫"黄排""火烧鳊""红鱼""木叶鱼""燕雀鱼""紫鳊鱼"。它身体高而侧扁，呈斜方形；头尖而短小，吻小，唇肥厚向外翻呈吸盘状；背鳍很高，臀鳍较短，尾鳍呈叉形。幼鱼大多银灰色或淡紫色，体侧有3条黑褐色横纹，横贯眼球有一条黑褐色斑，尾鳍灰白色，其他各鳍淡红色并杂有黑色斑点。成鱼全身淡红色，从吻端到尾鳍基部有一条猩红色的宽条纹。

胭脂鱼生活在湖泊、河流中，主要以无脊椎动物和昆虫幼虫为食，也吃水底泥渣中的有机物质，还常在水底砾石上吸食附着的硅藻及植物碎片。此鱼一般在水质清澈，含氧量高、水位和水温都较稳定的急流石滩处产卵。一条10～15千克的雌鱼，怀卵量10～20万枚。卵黏性，卵粒黏附在水底砾石或水藻上，水温在16.5～18℃时，7～8天便可孵出幼鱼。

在湖北、四川沿江一带，流传着"千斤腊子（中华鲟）万斤象（白鲟），黄排（胭脂鱼）大得不像样"的渔谚，这说明胭脂鱼生长很快。的确，一般1龄胭脂鱼可长到1千克，5龄能达4～7千克，6龄性成熟，体长可达1米，重约10千克左右，有的可达30千克。此鱼不仅生长快、个体大，而且肉味鲜美，是传统的名贵鱼类。分布于长江干、支流及其附属湖泊，闽江水系也有。由于野生数量稀少，我国已列为二级保护野生动物。不过，此鱼性情温顺、生命力强、增长又快，是养殖业中的理想鱼种。

# 别具一格的克氏海马

**克氏海马**

（海龙鱼目 海龙鱼科）

克氏海马（拉丁学名：*Hippocampus kelloggi*） 一种小型鱼类。体型奇特，貌似披着铠甲的战马，故名"海马鱼"。克氏海马为海马属中相对个体较大的种类，主要分布于中国的东海、南海海域，具有较高的药用和观赏价值，也因此导致过度捕捞，致使天然资源显著下降。繁殖方式独一无二：雌鱼将卵产在雄鱼的孵卵囊内，小海马发育完全后，才离开雄鱼的孵卵囊。为国家二级保护野生动物。

  克氏海马又叫"海马"，外貌独特，别具一格，不像一般的鱼。它一般长10厘米左右。吻呈管状，头转弯，与侧扁的躯干成直角，形似马头。身上没有鳞，被骨质环所包裹，仿佛披甲的战马，故得名"海马"。躯干部呈七棱形，尾部呈四棱形，能卷曲。背鳍长而发达，位于躯干后部；臀鳍较小；胸鳍短而宽，呈扇形，没有腹鳍和尾鳍。它体淡黄色，体侧有白色线状斑点。口小无齿，腹部凸出。

  克氏海马生活在浅海里，平时以能卷曲的尾部缠附在海藻或漂浮物上栖息，使敌害误认为是海藻，从而求得安全。游泳时它身体直立，靠背鳍和胸鳍的扇动缓缓前进。有时，也靠尾部屈伸弹跳前进。它以小型甲壳动物为食，觅食时，眼盯住食饵对象，然后用吸管状的吻很快连水带物吸进去，就像医生用注射器吸药水一样。它的繁殖方式也很有趣，雄鱼腹部皮肤褶皱形成一个孵卵囊，雌鱼把卵产在雄鱼的孵卵囊内。孵卵囊内壁密布着微血管，与胚胎的血管网相连，可为胚胎发育提供部分营养。小海马发育完全后，才离开雄鱼的孵卵囊。海马以这种独一无二的生殖方式，既保护了后代，又加速雌鱼再次产卵。

  我国有好多种海马鱼，野外种群均为国家二级保护野生动物。常见的有莫氏海马、冠海马、三斑海马等，而克氏海马较为罕见，个头较大，分布于东海和南海，以南海较多。海马虽无食用价值，但药用价值很高，与人参齐名，素有"北方人参，南方海马"之说。干燥体入药，功能温肾壮阳、散结消肿。因此，自20世纪50年代以来，我国广东、福建开始大量养殖。养殖海马投入大、风险高，对水质、水温、育种技术要求极高。因此，人工养殖的海马仍是供不应求，价格居高不下。

克氏海马（Showryu 供图）

# 虎嘉哲罗鱼和细鳞鱼

**虎嘉哲罗鱼**

（鲑形目 鲑科）

虎嘉哲罗鱼（拉丁学名：*Hucho bleekeri*）体延长，微侧扁，背腹部不隆起。头大，细长而尖。口大，斜位而侧裂；上颌略长于下颌。生性凶猛，游泳能力强，为肉食性鱼类，主食各种鱼类、水生昆虫、蛙类等。为国家一级保护野生动物。同科的细鳞鱼为国家二级保护野生动物。

在我国产的鲑科鱼类中，虎嘉哲罗鱼为国家一级保护野生动物，细鳞鱼为国家二级保护野生动物。

虎嘉哲罗鱼又叫"四川哲罗鲑""勃氏哲罗鲑""虎鱼""猫鱼""虎嘉鱼"，是山溪水流中个头较大的鱼类，为国家一级保护野生动物。它体形较长，一般为40～100厘米，最大者体长可逾2米，稍侧扁。头较大，细长而尖。吻大，上颌略长于下颌。胸鳍尖，腹鳍位于背鳍基部后缘的下方，尾鳍呈深凹形。此鱼体背深灰色或暗褐色，两侧和腹部为白色，体侧具有许多分散而不规则的小斑点，雄鱼的斑点是黑色的，雌鱼的斑点稍带红色，并有7条暗黑色纵带。背鳍和尾鳍为暗黑色，其他各鳍灰色。此鱼的体色与栖息环境的色调相适应，具有保护作用。

虎嘉哲罗鱼栖息在海拔700～1 000米的山麓溪流中，多为两侧高山遮蔽、河道狭窄、水流湍急、含氧量高、水温较低的水域。它生长缓慢，性成熟周期长，4～5龄后才逐渐成熟，在流水砾石水底繁殖，每年5～6月产卵。此鱼性凶猛，游泳能力强，为掠食性鱼类，主要捕食各种鱼类、水生昆虫、蛙类等。它分布于四川西北岷江上游，沿大渡河上游到青海境内、陕西秦岭南麓的汉水支流等地，是冰川期残存的冷水性山溪珍稀鱼类。

细鳞鱼又叫"桦鱼""花鱼"。身体呈纺锤形，长15～45厘米。鳞细小，侧线鳞有140～150个。体背深紫色，两侧绛红色或浅紫色，腹侧灰白色。头、体侧有圆形黑斑，其边缘为淡白色的环纹状。背鳍、胸鳍和尾鳍紫褐色，腹鳍棕色。通常此鱼栖息于海拔900～2 300米的山涧深潭中，水底多为大砾石，且水质清澈、水温较低，是一种冷水性鱼类。以小鱼、昆虫为食。秋末，此鱼在深水潭或河道的深槽中越冬。3～5龄性成熟，每年5～6月产卵，卵

▲ 细鳞鱼为冷水性鱼类（National Institute of Ecology 供图）

沉性，一次排完。这种鱼分布于陕西秦岭地区的渭河上游及其支流和汉水北侧支流湑水河、子午河的上游，黑龙江、辽河的支流浑河上游，河北及内蒙古潮白河与滦河上游。细鳞鱼为食用性鱼类，现因数量稀少而进行保护。

# 珍贵的鲟

**中华鲟**

（鲟形目 鲟科）

中华鲟（拉丁学名：*Acipenser sinensis*）体亚圆筒形，吻尖突。口腹位，口前具吻须两对。体被五纵行骨板。幼鱼皮肤光滑。江海洄游性大型鱼类。喜栖息于沙砾底质的江段。幼鱼摄食底栖无脊椎动物，成鱼主食鱼类。中国特有。为国家一级保护野生动物。

中华鲟、达氏鲟和白鲟都是我国的一级保护野生动物。

中华鲟又叫"鳇鱼""鲟鱼""苦腊子""鳣"等，被誉为鱼类中的"活化石"。身体呈梭形。它吻长呈犁状，基部宽厚，顶端尖，稍向上翘。口小，长在头的腹面，呈一横裂，能向外自由伸缩。眼小，吻部腹面中央有2对等长的须，排成横列。除尾鳍上叶有原始硬鳞分布外，全身没有鳞，只有5行宽大的坚硬骨板，背部正中的一行最大，活像身穿盔甲威风凛凛的古代武士。尾鳍歪形，上叶特别发达。它的头部和体背青灰色或灰褐色，腹部白色，各鳍青灰色。此鱼不仅外形与普通鱼不同，而且个头很大。生活在长江里的中华鲟，大多体重在50千克以上，以100～200千克较多，大的达300千克，最大可达560千克。

▼ 中华鲟（CEphoto, Uwe Aranas 供图）

中华鲟是中国特有鱼类。主要生活在大江和近海，是底栖鱼类，以昆虫幼虫、软体动物、寡毛类和鱼类等为食。此鱼有洄游或半洄游习性，春夏季汇集在河口，秋季上溯到江河上游产卵。产卵场主要在四川宜宾附近的一段金沙江里。怀卵量虽有50～100万枚，但幸存的后代仅1%左右。此鱼性成熟较晚，雄鱼11龄、雌

▲ 达氏鲟为长江中的大型经济鱼类（Josephe Huët 供图）

鱼14龄才性成熟，2～3年才产一次卵，所以显得特别珍贵。1982年，在长江葛洲坝建立了中华鲟人工繁殖研究所。1984年中华鲟产卵、育幼获得了成功。从此，国宝中华鲟不愁"后继无人"了。然而，每年洄游到长江产卵的中华鲟只有百头，葛洲坝、三峡水库的拦截更使这一数量大大减少。即使有人工增殖，但放养规模过小，效果不明显。而且自然洄游产卵的中华鲟数量极少。目前野外数量十分稀少，已被世界自然保护联盟（IUCN）列为极危物种。

达氏鲟又叫"鲟鱼""长江鲟""鳇鱼""沙腊子"等。外貌与中华鲟相似，个头较小。身体呈梭形，头像木楔，背面粗糙，盖有6个菱形骨片。它吻较狭，前端尖，稍向上翘。吻也在头的腹面，成一横裂。有须2对，位于口和吻端之间。身体披有5行骨板，背部正中1行最大，体侧2行，腹侧2行，臀鳍前后还各有1～2块大的骨板。体表其他部分裸露，且甚为粗糙。尾为歪形，上叶特别发达。体背和体侧灰褐色，腹部灰白色，各鳍青灰色，边缘白色。达氏鲟栖息于江之中下层，也生活于大湖泊中，主要以底栖无脊椎动物为食，偶尔也吞食鱼苗和幼鱼。此外，在它的肠道中还发现一些高等植物的碎屑、藻类和大量泥沙中的有机物。春季产卵，产卵场主要在长江的重庆至金沙江上游。此鱼性成熟较早，体重10千克左右的雌鱼和5千克左右的雄鱼已性成熟，8千克左右的雌鱼怀卵量可达13万枚。达氏鲟是纯淡水种类，主要分布于长江中上游干支流及湖泊里，为长江中的一种大型经济鱼类。各地常大量捕捞幼鱼，使资源遭到严重破坏，故应加强保护。

上面所说的中华鲟与达氏鲟属于鲟科鱼类，而白鲟则属于白鲟科鱼类。在白鲟科中，除我国的白鲟外，还有美国的匙吻鲟，这两种都是稀有珍贵鱼类。

白鲟又叫"象鱼""象鼻鱼""柱鳇""鲟钻子"。身体呈长梭形，前部平扁，后部稍侧扁。吻部长而尖，像一把剑，伸出于头的前端。吻腹面有一对短

而细的吻须。吻大，位于头的腹面，呈弧形，能伸缩。眼小，鳃孔大。体表光滑无鳞，或仅有散布身体各处的退化鳞片痕迹。尾鳍歪形，上叶比下叶长。头部、体背和尾鳍都为暗灰色，腹部白色。白鲟生活在河流的中下层，也进入沿江的大型湖泊中，善游泳，性凶猛，主要以鱼类为食，也吃虾、蟹等动物。此鱼在3～4月进行繁殖，产卵场在长江上游一带。

白鲟是世界上最大的淡水鱼，一般体长2～3米，体重200～300千克，最大者体长可达7.5米，体重有1 000千克。四川俗语"千斤腊子万斤象"中的"腊子"就是白鲟。白鲟还是低等硬骨鱼类的代表，终生保留脊索，骨骼大多是软骨质，接近鲨鱼，在尾鳍上叶具8个较大的菱形骨板，所以属于软骨硬鳞鱼类。这种珍贵的鱼可存活20～30年。主要分布于长江干流和出海的河口咸淡水区域，数量极少。自2003年误捕1条野生白鲟后，近年来几乎没有发现过白鲟的踪影。

▲ 白鲟终生保留脊索（Muséum d'histoire Naturelle 供图）

# 没有"脊梁骨"的文昌鱼

**文昌鱼**

（文昌鱼目 文昌鱼科）

文昌鱼（拉丁学名：*Branchiostoma belcheri*） 亦称"蛞蝓鱼"。体晶莹半透明，形似小鱼，体侧扁，两端尖。一般长5厘米。有背鳍、尾鳍和臀鳍。身体腹面有一对皮褶。栖息于海底，常钻在泥沙内，露出头端。以浮游生物为食。是一种头索动物，无脊椎动物进化至脊椎动物的过渡类型。可供生物学教学和研究用。中国文昌鱼资源居世界首位，主要产地在福建厦门。为国家二级保护野生动物。

　　以上所说的兽、鸟、两栖动物、爬行动物和鱼都是脊椎动物，脊椎动物是由无脊椎动物进化而来的。科学家根据地层上发现的各类化石作为印证，从比较解剖学和胚胎学方面的材料断定：动物界高等的脊椎动物与低等的无脊椎动物之间，应该有一个"桥梁"——过渡类型动物；脊椎动物的祖先是与头索动物相似的一些种类，但由于头索动物还没有出现坚硬的内骨骼，不容易保存为化石，所以无法从化石中直接找到证据。而文昌鱼是头索动物的代表，从生活习性、外部形态和内部结构来看，它既具有某些无脊椎动物的特性，又具有某些脊椎动物特征的雏形，是介于两者之间的过渡类型，是整个生物进化史上不可缺少的"桥梁"。因此，达尔文认为，从文昌鱼身上可以看到5亿年前脊椎动物始祖的模样。文昌鱼成了研究生物进化不可多得的"活材料"。

　　文昌鱼又叫"蛞蝓鱼"，它像小鱼非鱼，似蠕虫又非蠕虫，是一种头索动物。它个体很小，一般体长只有4～5厘米，最大的也不过6.7厘米。它与鱼不同，没有头与躯干之分，身体左右稍扁，两头尖细，整个身体呈梭形，半透明，生活时显现微红色。它的头尚未分化出来，最前端腹面有一个薄膜构成的环形口笠，口笠周围有许多触须。后端有矛状尾鳍，背面有一条背褶（又称背鳍），腹面有一对腹褶（又称腹鳍），体侧左右交替地长有63～66个稍透明的肌节，平均为65节。从外貌看，文昌鱼呈现"V"形，尖端朝前，利于其在水中运动。

　　早在1778年，文昌鱼就被人发现了。由于它柔软多肉，便被归入软体动物一类。在很长的岁月里，它一直屈居低等动物的行列。后来才发现，文昌鱼具有脊椎动物祖先的主要特征——脊索、背神经管和鳃裂，可是在现存脊椎动物中，这些器官只在胚胎或幼体中出现，到成体即完全消失，由新的器官代替，或分化成为更高级的器官。于是，它被提升为头索动物。一登龙门，身价百倍，人们就称其为"文昌鱼"。不过，这"鱼"字只是用来形容它的体形，实际上它并不是真正的鱼。

文昌鱼没有骨质骨骼，脊索是它的全身支柱。脊索呈圆棒状，两头尖，位于背侧，从头到尾纵贯全身，并略前伸于脊髓，故称头索动物。而在脊椎动物中，仅在胚胎或幼体时可见脊索，到成体已被脊椎骨组成的脊柱所代替。文昌鱼的中枢神经是一条长的管状物，位于背侧的脊索下面，故名背神经管。背神经管的前端管腔略微膨大，可认为是脑，其他部分可认为是脊髓，但两者没有明显的区别。无脊椎动物的神经系统中枢部分呈索状，位于消化道的腹面；而脊椎动物的背神经管已明显分化为脑和脊髓两个部分。文昌鱼不仅有鳃裂，而且数目很多，甚至会随年龄增长而增多。它的皮肤仅有表皮和真皮两层，且真皮不明显，由胶状结缔组织构成，而鱼的皮肤是多层的。文昌鱼的皮下即为肌肉层，分布在身体两侧是较薄的侧肌，背部侧肌较厚，这与无脊椎动物的肌肉组织各处厚薄一样是不同的，因为无脊椎动物没有脊索和背神经管。文昌鱼的循环系统属于闭管式，血液沿着有真正管壁的血管流到身体各处，这与脊椎动物中鱼类的血循环很相似，但还比较原始，没有心脏的分化。它的消化系统仅为一条未分化的直管，在管的前端有一个肝盲囊，分泌消化液，与脊椎动物的

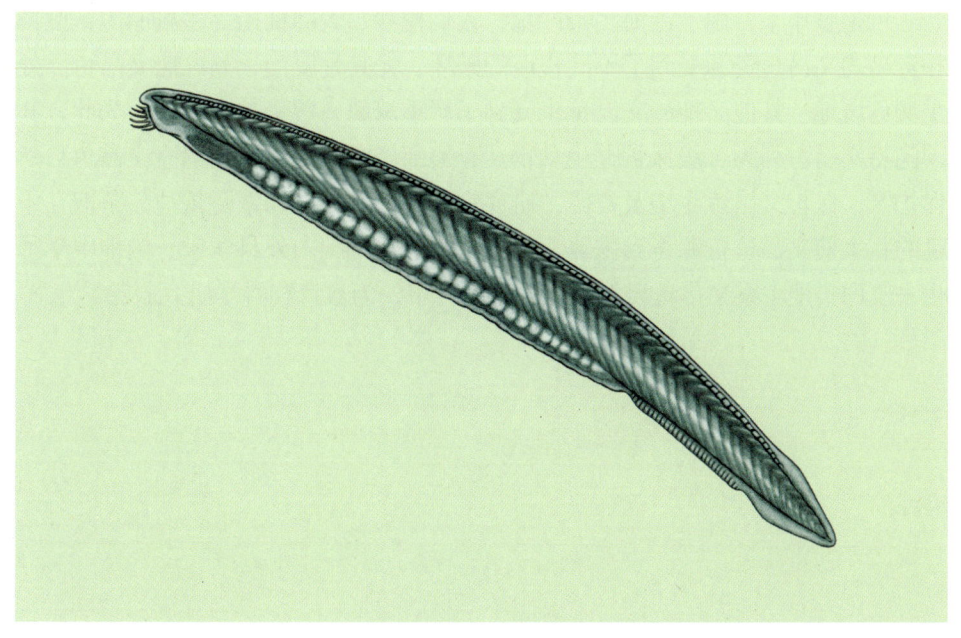

▲ 文昌鱼没有骨质骨骼，为名贵海味（Giovanni Maki 供图）

肝脏来源相同。它的排泄器官很像一些海产无脊椎动物多毛类的排泄器官；从它的肾管上有管细胞的形态和功能来看，又像无脊椎动物中某些扁形动物的焰细胞。

文昌鱼虽雌雄异体，但在外形上没有区别。一般是6～7月间雌体第一次产卵于水中，12月初第二次产卵，多在午后产卵。卵产下后不久，就在水里和精子结合成受精卵，然后发育成幼体。文昌鱼不像鱼类那样善于游泳，常喜欢栖息于浅海疏松的含有贝壳碎片或棘皮动物碎骨片的沙滩里。平时，它们把身体埋于沙粒之中，仅露出头部摄食硅藻等食物，夜间比较活跃。当一个地方食物吃尽后，它们会借助身体的左右摆动游到另一个地方，遂又以前端钻入沙里，使整个身体陷入沙内，而头端又露出沙面，继续它们的摄食活动。

据最新资料报道，文昌鱼仅分布在美国、德国、瑞典、英国、法国、日本、印度和我国。除我国外，其他国家数量稀少，而且生活在较深海域之中，一般常在水下20～60米。我国文昌鱼资源居世界首位，主要产地是美丽的东南沿海城市——厦门。1957年以前，厦门的刘五店文昌鱼年产量在50～150吨。文昌鱼虽小，但肉味十分鲜美，又无骨质骨骼，是名贵的海味，早已享誉天下。我国产区福建、广东、山东等省把它视为佐餐上品，文昌鱼干品还作为营养佳品，出口东南亚各地。近年来，我国不断报道文昌鱼的新产地，如广西北部湾、海南、河北北戴河等。

可是多年来，由于近海污染严重，人们挖沙、大肆捕捞等多种原因，厦门和青岛的文昌鱼资源受到了不同程度的破坏，尤其是厦门，刘五店文昌鱼已处于濒危境地。其他产地的文昌鱼也受到了严重威胁，数量越来越少。为此，我国已将文昌鱼列为二级保护野生动物。有关部门已批准在厦门建立文昌鱼自然保护区，保护文昌鱼生境及资源，研究它的生长、发育和繁衍规律，争取在不远的将来使文昌鱼资源得到恢复，以便将来能接纳国内外科学家、内地中学师生去厦门实地考察文昌鱼自然生态、采集标本，为教育和科学研究服务。

# 九

# 无脊椎动物

▲ 红珊瑚的触手像美丽的花朵

## 貌似植物的动物——红珊瑚

**红珊瑚**

（软珊瑚目 红珊瑚科）

红珊瑚（拉丁学名：*Corallium rubrum*）属于只有内外两个胚层的腔肠动物。仅有一个口道沟，位于腹面。骨骼多在体内，或由体内发生后伸向体表。具有钙质中轴骨，呈树状分枝，骨骼呈淡粉红色至深红色。中国从台湾至南沙群岛，是出产各种珊瑚的场所，其中以红珊瑚最珍稀。为国家一级保护野生动物。

未经加工的天然珊瑚，是树枝形的，所以自古以来，很多人都认为珊瑚是植物。直到18世纪，还有人把珊瑚的触手当成花。其实，珊瑚是低等动物，它属于只有内外两个胚层的腔肠动物，好像一个双层口袋。它有一个口，称口道，食物由此进去，不消化的残渣也由此排出。它没有肛门。口的周围生有许多触手，这就是古人认为花的东西。触手可以捕捉食物，或振动引起水流进入口及腔肠中，然后消化水中的小生物。它不能消化无机物质，所以是动物，而不是植物。

　　根据触手数目，珊瑚可以分为两大类：一类叫八放珊瑚，每个珊瑚虫有8条羽状触手；另一类叫六放珊瑚或多放珊瑚，其触手一般为6的倍数。在八放珊瑚类柳珊瑚目中有一个红珊瑚属，这个属里有地中海产的红珊瑚和我国台湾产的桃色珊瑚，都是十分珍稀的种类。

　　桃色珊瑚的体色似桃红色，以出芽生殖，这些芽体并不离开母体，而是形成互相连结、共同生活的群体，这就是桃色珊瑚成为树枝形的主要原因。人们把它的每一个单体，称为"珊瑚虫"，各个活的珊瑚虫之间有共肉相连，共肉部分能分泌骨针或骨片，有的互相愈合成中轴骨。我们所见的桃色珊瑚，就是这些珊瑚虫的肉体烂掉后所剩卜来的群体骨骼。

　　桃色珊瑚与其他珊瑚一样，营固着生活，栖息在浅海里，特别喜欢生长在水流快、温度高、比较清净的暖海地区。由于它骨骼质地坚密、色泽鲜艳，人们常把它当成宝石，作为家庭饰物，或者雕琢成各种装饰品。

　　我国从台湾至南沙群岛，是出产各种各样珊瑚的场所，其中以红珊瑚属种类最为珍稀。其中的桃色珊瑚仅产于台湾沿海，国家已将该属种类都列为一级保护野生动物。

# 虎斑宝贝和冠螺

**虎斑宝贝**

（中腹足目　宝贝科）

虎斑宝贝（拉丁学名：*Cypraea tigris*）壳卵圆形。背部膨圆，前端稍尖瘦，后端向内凹陷。壳面光滑如瓷器，白色或黄白色，具大小不同的黑褐色斑点，犹如虎皮，故得名。基部中凹，乳白色。壳口两侧具齿。产于热带和亚热带海区。昼伏夜出，黄昏后外出觅食，以有孔虫、海绵、小型甲壳动物为食。中国台湾及南海诸岛均有；日本、菲律宾及太平洋诸岛也广泛分布。肉可食，壳供玩赏。与同目的冠螺同为国家二级保护野生动物。

全世界已知的腹足类动物约有10万种左右，我国产的种类也很多。其中仅虎斑宝贝与冠螺被列为我国二级保护野生动物，可见它们的珍贵和稀有。

宝贝虽属于螺类，但是它们成体的外表没有螺类那样的螺旋形螺层，也没有厣，只是在幼体时期有螺旋形的螺层，而发育成长时，螺层被包在里面，在外面看不出来，厣也消失了。所以科学家将它们独自划为一类，叫做宝贝科。

虎斑宝贝又叫"虎皮贝"，是我国产的40余种宝贝中最大、最美丽的一种。壳卵圆形，长约11厘米，宽约7厘米，高约5厘米。背部膨圆，前端稍尖瘦，后端向内凹陷。贝壳表面十分光滑，具瓷光，呈白色或淡黄色，杂有许多大小不同的黑褐色斑点，整个色彩犹如虎皮，故得名"虎斑宝贝"或"虎皮贝"。它壳稍厚，壳口窄长，两侧边缘向内陷入。内唇有齿22～26枚，中间密而两端稀；外唇肥厚，有齿24～30枚。壳内面白色，基部中凹，呈乳白色。

虎斑宝贝栖息在低潮线以下1米至数米深珊瑚礁或珊瑚礁之间的沙滩中，常隐匿于珊瑚礁的基部或礁体的洞

▼ 虎斑宝贝（Greg TheBusker供图）

▲ 冠螺为暖水性名贵贝类（H. Zell 供图）

穴内，有的则伏于礁石下。它畏惧光线，行动迟缓，一般昼伏夜出，黄昏后开始外出觅食，以有孔虫、海绵、小型甲壳动物为食。雌雄异体，通常在夏季交配产卵，但在我国近海多为3～4月。它常将卵产在珊瑚洞穴及空贝壳内，卵呈黏性。产卵后，母贝不离开卵块，而是卧伏其上，保护卵免遭伤害，直到1～2周后幼虫孵化出来为止。国内主要分布于海南岛、西沙群岛和台湾等，广东、广西、福建南部海域也有少量出产。

冠螺又叫"唐冠螺"，也是一种暖水性名贵贝类。贝壳大而坚厚，最大的长约30厘米，是冠螺科中个头最大的一种。由于它壳口狭长，内外层都扩张为帽缘，整个螺体的外形犹似唐僧的帽子，所以得名"唐冠螺"。冠螺贝壳表面为灰白色，并有不规则的红褐色斑纹，在接近壳口边缘处有很大的红褐色斑块。口面肉色，光泽耀目。体螺层非常发达，而螺旋部很小，螺顶尖。贝壳表面具有生长线和螺旋形的肋纹，两种肋纹交叉形成网状。每一螺层的肩部，都具结节的突起，体螺层的结节突起特别发达，呈圆锥状，螺旋部的结节突起在其下一螺层生长时全部或局部埋没。外唇翻向外上方，内唇向内卷折。

冠螺栖息在水深1～30米的碎珊瑚底质的浅海，一般在黄昏以后至夜间活动，主要以棘皮动物为食，消化能力很强。白天埋入沙砾中，仅露出背部。国内分布于南海诸岛和台湾南部等水域。

# 最大的珍珠贝——大珠母贝

**大珠母贝**

（珍珠贝目 珍珠贝科）

大珠母贝（拉丁学名：*Pinctada maxima*） 中国最大的珍珠贝。壳极大，一般为25厘米左右。是珍珠贝中最大的一种，也是世界上最优质的珍珠贝。贝壳大而坚厚，呈蝶状。壳面呈棕褐色，壳顶鳞片层紧密，壳后缘鳞片层游离状明显，壳内面具珍珠光泽，珍珠层为银白色，较厚。滤食性贝类，主食藻类。分布于中国海南岛、西沙群岛、雷州半岛沿岸海域。为国家二级保护野生动物。

　　珍珠贝壳内外套膜的部分细胞，有分泌壳角蛋白和碳酸钙的作用，它们交互重叠形成珍珠质层。如果外界有沙粒、寄生虫等异物进入珍珠贝的外套膜中，会被壳角蛋白、碳酸钙层包裹，成为光彩夺目的珍珠。科学家把这些能生产珍珠的贝归为一类，叫珍珠贝科。我国有近20种珍珠贝，其中最大的是大珠母贝。

　　大珠母贝又叫"白碟贝"，最大壳长可达32厘米，体重约4.5千克。它的外形圆而稍方或近长方形，看上去呈碟状。壳顶鳞片层紧密，壳后缘鳞片游离状较明显。左壳比右壳稍大而凹，壳面平滑呈黄褐色，没有明显的放射肋，壳内面为银白色的较厚珍珠层，边缘呈金黄色或黄褐色。

　　大珠母贝喜欢栖息在珊瑚礁、贝壳、岩礁沙砾等底质海区，以发达的足丝营附着生活。栖息地水流畅通，水深在10米以上，一般20～50米，最深可达200米。它的适温范围在15.5～30.3℃之间，最适水温为24～28℃。通常，2龄的大珠母贝全部达到性成熟，在成熟的个体中，雄贝明显多于雌贝。大珠母贝能发生性转换，曾发现过雌雄同体的个体。主要在5～8月进行繁殖，产下的卵需16～36天才能孵化出幼贝。幼贝的壳多为暗黑色，长到2厘米左右渐渐变为黄褐色，生长鳞片明显。此贝属滤食性贝类，主要以藻类为食。

　　在我国，大珠母贝分布于海南岛、西沙群岛、雷州半岛沿岸海域。早在汉代，我国人民就开始在广西合浦采集珍珠，至今已有1 700余年历史。明代（1499年）为全盛时期，年产珍珠28 000两（合875千克）。后来，人们根据"自然异物刺激成珠"的原理，用蚌、砗磲等的外套膜切成的小块，插入珍珠贝的外套膜中，作为珍珠的异物，使之产生人工珍珠。

◀ 大珠母贝为世界上人工培育珍珠的最佳母贝
（The Wookies 供图）

目前大珠母贝已成为世界上人工培育珍珠的最佳母贝。珍珠不仅是一种珍贵的装饰品，也是高级化妆品的原料，还有很高的药用价值。它有明显的杀菌作用，特别对金黄色葡萄球菌有杀灭能力，对烧伤、烫伤具有疗效。由于野生大珠母贝数量稀少，我国已列为二级保护野生动物。

▲ 砗磲外丑内美

# 库氏砗磲和佛耳丽蚌

**库氏砗磲**

（帘蛤目 砗磲科）

库氏砗磲（拉丁学名：*Tridacna cookiana*）体型极大，最大长度可达两米。贝壳略呈三角形，两壳相等，两侧不等，前端短。壳质极为重厚。外韧带棕褐色，狭长，几占贝壳后部的全长。贝壳内面白色，具有光泽，有与放射肋相应的肋间沟。铰合部狭长。借助海水把浮游生物带进体内，作为食料消化吸收。主要分布于中国南海。为国家一级保护野生动物。佛耳丽蚌又名"白玉蛤"。数量稀少，为国家二级保护野生动物。

全世界共有5种砗磲，我国都产。其中库氏砗磲，由于数量十分稀少，已列为国家一级保护野生动物。

库氏砗磲又叫"大砗磲"，最大的壳长可达1.8米，重约250千克，是一种最大的贝类。一扇大的库氏砗磲贝壳，可作婴儿浴盆、花盆或猪食盆。两扇贝壳的闭合力量大得惊人，据说可以轻而易举地将船锚的铁链折断。贝壳很厚，略呈三角形，两壳相同。壳表面白色，十分粗糙，具有5条粗大的覆瓦状放射肋；生长轮脉明显，在贝壳表面形成弯曲重叠的皱褶。贝壳内面也为白色，但富有光泽，有与放射肋相应的肋间沟，铰合部狭长，两壳都有主齿和后侧齿各一个。主齿短，后侧齿弱。库氏砗磲栖息在热带海洋中珊瑚礁间的浅水环境里，以坚硬的足丝固着在珊瑚礁上，依靠海水把浮游生物带进体内，作为食料消化吸收。砗磲与一种虫黄藻有共生关系，它的外套膜边缘有一种特殊的叫玻璃体的结构，能够聚合光线，使虫黄藻大量繁殖，而虫黄藻则可为砗磲提供一部分养料。这种蛤—藻的特殊关系称为互惠共生。库氏砗磲在夏季繁殖，每年大约长5厘米，幼时生长较快，寿命很长，据说可以活上几百年。砗磲的外貌并不漂亮，但在海里张开贝壳时，体内色彩艳丽，不但有孔雀蓝、粉红、翠绿、棕红等鲜艳的颜色，而且还有形形色色的花纹，真是外丑内美！在国内，这种砗磲主要分布于南海。

佛耳丽蚌又叫"佛耳蚌""白玉蛤"。贝壳很大，壳长可达12.8厘米，壳高约7.4厘米，壳宽4.4厘米左右。它的外形呈佛耳状或梯形。左右两壳相等，但两侧不对称。壳前端钝圆，后部呈钝角状。前缘短而弯曲；腹缘稍直，中部略凹入；后缘长而稍弯，向下倾斜，与腹缘相连成钝角。壳顶不突出，低于背缘最高点。它的壳表面为黄褐色，没有光泽，具不规则的生长线，贝壳中部、后背嵴具有垂直的放射状纵肋，后背嵴的纵肋是由瘤状结节形成的斜肋所构成。左壳有2个拟主齿和2个侧齿，右壳有2个拟主齿而仅有1个侧齿。佛耳丽蚌栖息于水质清澈，底质为砂石、卵石或岩石的山涧河流中，以微小生物及有机物碎屑为食。它的肉可食，壳可制药，也是制作工艺品的原料。国内仅分布于广西，且数量稀少，我国已列为二级保护野生动物。

▼ 佛耳丽蚌

▲ 古老的海洋霸主鹦鹉螺

## 原始的潜艇——鹦鹉螺

**鹦鹉螺**

（鹦鹉螺目 鹦鹉螺科）

鹦鹉螺（拉丁学名：*Nautilus pompilius*） 亦称"鹦鹉贝"。壳甚大，平旋，无螺顶。外面灰白，有很多橙红或褐色波状横纹，内面具珍珠光泽。由多数弧形隔板将壳的内腔分为许多小室，动物体居最末一室。栖息于海底。夜间群游海中。觅食时会伸出触手，将小鱼、小虾和小蟹等猎物包裹起来，然后吞食。稀有种，分布于西太平洋暖水区。中国南海有记录。为国家一级保护野生动物。

据1999年11月5日《中华周末报》报道，中国科学院南京地质古生物研究所研究员陈挺恩透露，该所新近发现了3块大型鹦鹉螺化石，其中最大一块长162厘米，另外两块分别长151厘米和145厘米。这是迄今为止我国发现的最大的头足类动物化石，也是至今我国发现的最大的无脊椎动物化石。

陈挺恩披露说，这3块化石是在湖北宜昌山区发现的。因其贝壳自背部向腹部平旋卷曲，宛如鹦鹉的头形，因此而得名"鹦鹉螺"。鹦鹉螺最早出现于5亿年前的寒武纪后期，到奥陶纪之后，很快演化为海洋中最凶猛的肉食性动物，并在整个地质历史时期都有"海中霸王"之称。鹦鹉螺类曾拥有3 000个属，8 000多个种，是地球史上海生动物中的一大类群，而现存鹦鹉螺仅剩一属四种，是非常稀少和珍贵的活化石。

现存鹦鹉螺主要分布于南中国海到菲律宾、印度尼西亚一带的印度洋和太平洋等热带海洋中。

白天，鹦鹉螺在海底休息，日落以后才出来活动，常在珊瑚质浅海底爬行，但也会游泳。它的游泳方式与头足类中的乌贼相仿，利用足部特化而成的彼此覆盖的侧片形成的漏斗，以此收缩喷射海水，以反作用力来推动身体前进。鹦鹉螺在觅食的时候，会伸出触手，向四周展开，将小鱼、小虾或小蟹等猎物包裹起来，然后进行吞食。在休息的时候，或只游动而不取食的时候，它的触手都缩进壳里，只留1～2个触手在外面，进行警戒或行动。此外，它的触手还可抵贴岩石，固定身体的位置。

鹦鹉螺是一种软体动物，有一对发达的大眼睛和88只触手。活体鹦鹉螺贝壳内有20～30个气室。气室间有一根充满血液的连接小管。当气室内充满气体就上升，排除气体就下沉。它曾有下潜到600米水下的记录。据说发明潜水艇的灵感就来自鹦鹉螺，而世界第一艘潜水艇的大名就是"鹦鹉螺号"。

鹦鹉螺属于头足类，外貌虽同蜗牛有点相似，但动物学家认为它与乌贼、章鱼的亲缘关系更为相近。由于像鹦鹉螺那样的古老头足类动物都已灭绝，只有鹦鹉螺一直生存至今，因而它就成了动物进化的见证，成了"活化石"。在我国鹦鹉螺仅产于台湾、海南岛、西沙群岛海域，且数量很少，已将它列为国家一级保护野生动物。

▼ 鹦鹉螺

# 大型昆虫伟铗𧉉

**伟铗𧉉**

（双尾目 铗𧉉科）

伟铗𧉉（拉丁学名：*Atlatsjapyx atlas*）成虫长而宽厚，缺眼无翅。头为黄色，呈梯形，前窄后宽。身体分节，胸部和腹部1～7节的背面，为灰色，腹面为黄色。主要分布在中国四川乡城县，以腐殖质、菌类和微小动物为食。为国家二级保护野生动物。

昆虫是动物界中数量最多的一类，种数约占80%以上。我国受到国家保护的昆虫，虽然种数不多，但涉及双尾、蜻蜓、缺翅、蛩蠊、鞘翅、鳞翅6个目。

伟铗𧉉属于双尾目。在这个目中，全世界约有600种，中国已记录43种。伟铗𧉉因在我国分布区域十分狭窄，且数量稀少，因而是唯一的国家二级保护野生动物。

伟铗𧉉是一种大型昆虫，成虫长而宽厚，体长约4.7厘米，缺眼无翅。头为黄色，呈梯形，前窄后宽。身体分节，胸部和腹部1～7节的背面为灰色，腹面为黄色。触角较长，一般有48～49节，除基部数节有少数大毛外，多为小毛。尾长5.2毫米，尾铗粗壮而长。此虫没有变态，幼虫和成虫十分相似，产下的卵呈卵圆形或球形。这种昆虫栖息在土壤或潮湿的石块、木段、树皮及落叶下，以腐殖质、菌类和微小动物为食。国内仅分布于四川省乡城县。

# 珍 稀 蜻 蜓

**尖板曦箭蜓**

（蜻蜓目 箭蜓科）

尖板曦箭蜓（拉丁学名：*Heliogomphus retroflexus*） 一种珍稀昆虫。头顶、后头及后头后方都为黑色；前胸主要为黑色，杂有黄斑；合胸背前方黑色，具黄色条纹，合胸侧方黄色，具黑色纹；足大多黑色。该虫为半变态，卵产在水面或水生植物上，幼虫生活在水里，捕食小水生动物；成虫在陆上善飞翔，肉食性。为国家二级保护野生动物。

　　蜻蜓是大家熟知的昆虫，但蜻蜓目的种类很多，已知的有5 000多种，广布于全球。在我国产的蜻蜓目昆虫中，尖板曦箭蜓与宽纹北箭蜓不仅分布区狭窄，而且数量稀少，已列为国家二级保护野生动物。

　　尖板曦箭蜓是一种珍稀的昆虫，雄性腹长37毫米，后翅长34毫米。头顶、后头及后头后方都为黑色；前胸主要为黑色，杂有黄斑；合胸背前方黑色，具黄色条纹；合胸侧方黄色，具黑色纹；足大多黑色；翅透明，微带褐色；腹部黑色，缀以黄色斑点。此虫为半变态，卵产在水面或水生植物上，幼虫生活在水里，捕食小水生动物；成虫在陆上善飞翔，也是肉食性的。国内仅分布于福建等地。

▼ 尖板曦箭蜓

　　宽纹北箭蜓也是一种珍稀昆虫，个头比尖板曦箭蜓稍大，雄性腹长40毫米，后翅长35毫米；雌性腹长47毫米，后翅长40毫米。头顶黑色，后头及后头后方黄色。前胸黑色，具黄斑；合胸和足大多红黄色；腹部红黄色，两侧各具一个黑色条纹。生物学特征与尖板曦箭蜓相同。国内仅分布于北京、河北和甘肃。

▲ 墨脱缺翅虫

# 珍稀缺翅昆虫

**中华缺翅虫**

（缺翅目　缺翅虫科）

中华缺翅虫（拉丁学名：zorotypus sinensis）中国仅有小型昆虫。个体为黑褐色，头部较大，呈倒三角形，活动灵活。无单眼和复眼，触角呈念珠状。翅部细长，前翅大于后翅，也有无翅种类。通常分布于热带和亚热带，喜成群活动。主要以真菌孢子及螨类为食。为国家二级保护野生动物。

　　缺翅目昆虫种类很少，个头很小，有的有翅，有的无翅，全世界大约只有27种。我国产的中华缺翅虫和墨脱缺翅虫，因分布区狭窄，且数量稀少，都已列为国家二级保护野生动物。

　　我国于1973年在西藏初次发现了中华缺翅虫这一中国特有的小型昆虫。它个头很小，缺翅型的雄成虫体长只有3～4毫米，深褐色。头部较大，从正面看近似三角形，额面稀布刚毛；无单眼和复眼，触角呈念珠状，共有9节，每节都生刚毛；口器为咀嚼式，上颚短，有3个或4个尖齿，下颚呈鸟嘴状；胸部发达；3对足都被毛，后足较粗壮；腹部末端两侧有一对乳头状尾须，不分节，有稀疏刚毛。该虫没有翅，是渐变态。栖息于枝叶茂盛、阴暗潮湿的原始常绿阔叶林内的风折木、死树等的树皮下，单个或集群生活。国内仅分布于西藏察隅、本堆。

　　墨脱缺翅虫的缺翅型与中华缺翅虫十分相像，但前者雄虫第8腹节腹板后部中央4枚毛的排列为梯形，阳茎（雄虫的交配器官）先端延长，并逐渐尖锐，而后者第8腹节腹板后部中央4枚毛的排列呈弧形，阳茎先端不延长，并突然收缩成针状。有翅型成虫体长2.5～3.0毫米，为暗黑色。两对翅膀窄长，密布短绒毛，前翅稍长于后翅，几乎等于体长的1.5倍。头部近三角形，复眼近圆形，深黑色，稍突出，额面有3个单眼。该种的生物学特征与中华缺翅虫相同。国内仅分布于西藏墨脱、汉密。

# 珍贵的中华蛩蠊

**中华蛩蠊**

（蛩蠊目 蛩蠊科）

中华蛩蠊（拉丁学名：*Galloisiana sinensis*） 中型昆虫。体细长，无翅，暗灰色，触角丝状，复眼小，尾须长，颇似双尾虫。多栖于1 200米高山的苔藓、石块下和土中。夜行性。杂食性，以植物和小虫为食。种类极少。为国家一级保护野生动物。

    蛩蠊目是昆虫纲中的一个小目，据1983年6月出版的《简明生物学词典》记载：此目"种类极少，约有4种。我国尚未发现"。可见，中华蛩蠊是在该词典出版后才发现的。2003年8月出版的《大辞海·生命科学卷》指出，"1985年我国昆虫学家首次发现，为国家一级保护野生动物。"

    中华蛩蠊的外貌很像双尾虫，身体细长，没有翅膀。体长约10毫米，头宽3毫米。背面和头部棕黄色，较暗；腹面、足和触角琥珀色，较淡。体表被细毛，腹部两侧和足着生稀疏深棕色刺状毛。它的头宽大，中央有一个模糊的黑斑。复眼黑色，较小；触角丝状，有34节。尾须很长。

    中华蛩蠊栖息在高山和高原，近湖沼、融雪或水流湿处，白天隐匿于石头下、朽木下、苔藓或土中及洞穴中，多在夜间活动，以植物和小虫为食。国内仅分布于吉林长白山的海拔2 000米处。由于分布区十分狭窄，数量又很稀少，所以属于极为珍贵的昆虫。

▲ 硕步甲

# 拉步甲和硕步甲

**拉步甲**

（鞘翅目　步甲科）

拉步甲（拉丁学名：Carabus lafossei）体色变异大，有多种色型，通常全身金属绿色，前胸背板及鞘翅外缘泛金红色光泽。鞘翅有时蓝绿色或蓝紫色。善疾走，昼伏夜出。多捕食鳞翅目、双翅目昆虫幼虫及蜗牛、蛞蝓等软体动物。与同科的硕步甲同为国家二级保护野生动物。

▲ 拉步甲体色美丽，变异较大（Notafly供图）

步甲的种类很多。因为这类昆虫，大多数没有飞翔能力，主要靠步行，所以又名"步行虫"。我国产的拉步甲与硕步甲，由于数量较少，分布区又较狭窄，所以都列为国家二级保护野生动物。

拉步甲的体形长扁而坚实，雄虫体长约33.5毫米，体宽约10.5毫米，雌虫体长约37.4毫米，体宽约11.2毫米。它体色美丽，变异较大，有多种色型。通常，头部和前胸背板绿色，闪金黄或金红色光泽。鞘翅绿色，侧缘及缘折金绿色，瘤突黑色，前胸背板有时全部深绿色，鞘翅有时蓝绿色或蓝紫色。它的触角细长而分节，1～4节光洁，以后各节被毛。鞘翅呈椭圆形，背隆肩圆，后部明显收狭，末端形成尾突。足细长，雄虫前足跗节基部3节膨大。腹部光洁。善疾走，昼伏夜出，多捕食鳞翅目、双翅目昆虫幼虫及蜗牛、蛞蝓等软体动物。国内分布于浙江、福建、江西、江苏等地。

硕步甲又叫"大卫步甲"，体长33～40毫米，体宽11～14毫米。头部、触角和足都为黑色；前胸背板和侧板、小盾片都是蓝紫色的；鞘翅绿色闪金属光辉，后半部具红铜光泽；腹部光洁，两侧有细刻点；足细长，雄虫前跗节基部4节膨大，腹面有毛。国内分布于浙江、福建、江西等地。

# 稀有金龟

**彩臂金龟**

（鞘翅目 臂金龟科）

彩臂金龟（拉丁学名：*Cheirotonus*） 体形硕大，体色多样，包括金绿色、墨绿色、金蓝色、黄褐色、栗褐色等。体呈长椭圆形，背面隆拱。以其前足，尤其是雄虫的前足特长为特征。头部较小，口为唇基遮盖，背面不可见。幼虫以腐朽木材为食。分布于中国江苏、广东、云南、广西等地。为国家二级保护野生动物。

彩臂金龟属于臂金龟科，叉犀金龟属于犀金龟科。这2种昆虫，因分布区较狭窄，且数量不多，都已列为我国二级保护野生动物。

彩臂金龟是一种大型甲虫，体长约63毫米，体宽约35毫米。身体比较短阔，体色墨绿闪金属光辉。鞘翅近黑色，杂有许多淡黄褐色的不规则斑点，斑点中又有黑色小点。前胸背板宽阔而隆起，两侧向外扩展。幼虫以腐朽木材为食，成虫情况不详。这种昆虫分布于我国江苏、广东、云南、广西等地，对它的研究甚少，是一种珍稀动物。

叉犀金龟也是一种珍稀昆虫。雄虫体长40毫米，头部有角状突起，顶端对称地分叉，状似犀牛角，所以得名为"叉犀金龟"。雌虫的头上没有角状突起。雄虫前胸背板也有角状突起，并向前弯曲，顶端扩大而分叉，甚至末端呈新月形。雌虫前胸背板的前缘呈波状隆起，其间布有小窝。雌虫背部黑色而发亮，雄虫背部深黑色，几乎无光泽。雌虫足比雄虫明显地变宽。幼虫吃腐烂食物，成虫情况不详。国内分布于华中地区。

▼ 叉犀金龟

彩臂金龟 ▲

# 凤蝶和绢蝶

**金斑喙凤蝶**

（鳞翅目 凤蝶科）

金斑喙凤蝶（拉丁学名：*Teinopalpus aureus*）前翅上各有一条弧形金绿色的斑带，后翅中央有几块金黄色的斑块，后缘有月牙形的金黄色的斑。后翅的尾状突出细长，末端一小截金黄色。它常飞行在林间的高空，时而停息花丛间。其姿态优美，犹如华丽高贵、光彩照人的"贵妇人"，因此被称为"蝶中皇后"。为国家一级保护野生动物。体型中等的阿波罗绢蝶为国家二级保护野生动物。

  凤蝶是一类大型昆虫，它们的两对翅膀上密生着各色鳞片，形成各种绚丽的花斑，后翅臀区有尾突，显得非常美观。我国有4种凤蝶受到国家保护：金斑喙凤蝶是一级保护野生动物，双尾褐凤蝶、三尾褐凤蝶和中华虎凤蝶为二级保护野生动物。在绢蝶类中，阿波罗绢蝶也已列为我国二级保护野生动物。

  金斑喙凤蝶是一种大型凤蝶，体长约30毫米，翅展110毫米以上。说起这一稀世之珍，还有一段关于"蝶中皇后"的佳话呢。1922年英国人在闽赣毗邻的广东连平首先偷猎到3只雄性金斑喙凤蝶，其中两只被作为模式标本收藏在英国伦敦自然博物馆里。到了1933年武夷山的桂墩也发现了一只雌性金斑喙凤蝶。谁知那时的采集人员不识珍稀蝴蝶，此蝶被"识货"的德国人鱼目混珠弄走了。他不仅据为己有，还绘声绘色地把凤蝶瑰美的气派和采集经历渲染了一番，便不声不响地收藏了起来。此后，这个天香国色的金斑喙凤蝶销声匿迹了。

  20世纪90年代中期，中国科学院动物研究所和东方标本公司为采集标本在武夷山待了几个月。一天，他们突然看到空中有一只翠绿色的凤蝶，扇动斑斓羽翼，翩翩起舞。他们持网追捕，使之成了采集队的战利品。此蝶被带至北京后，经蝶类权威、动物研究所李传隆教授鉴定，这确实是中国特有的金斑喙凤蝶，而且是国人第一次捕到的雌性金斑喙凤蝶。以后，每当国内外贵宾来访，李教授就拿出珍藏的标本。它华丽高贵，光彩夺目。人们还给它起了一个雅号，称之为"蝴蝶皇后"，意思是独一无二的。

  双尾褐凤蝶又叫"云南斑纹凤蝶"。它的前翅有8条黑色并伸至后翅翅表的横带，外缘带宽阔；后翅较长，外缘呈扇形，臀角处有一个深的缺刻，有3个尾状突起，外面的一个最长，里面的一个次长，中间的一个很短而不易见到，

▲ 双尾褐凤蝶是世界上最珍贵的蝴蝶之一

因而叫它"双尾褐凤蝶"。幼虫以马兜铃科的木香马兜铃作为寄主植物。这种凤蝶，自20世纪30年代在云南西部发现后，直到1981年4月日本北海道登山队员才在我国贡嘎山再次发现，是世界珍奇蝶种中最珍奇的蝴蝶之一。

三尾褐凤蝶是一种中型凤蝶，前翅长42～48毫米，后翅有3个明显的尾状突，故得名"三尾褐凤蝶"。雌虫较雄虫稍大，但外形相同。前翅翅表由8条自前缘至内缘的横线划为9个青铜黑色宽横带区。后翅较长，外缘呈扇状，翅表端部的黑色宽带围有一个大红斑。这种凤蝶栖息于海拔2 000米以上的高山，常在竹林中飞舞，幼虫以马兜铃科攀缘藤本植物作为寄主。国内分布于四川，传说近似于日本的古代凤蝶。据近年来研究，三尾褐凤蝶是相当特化的昆虫。

中华虎凤蝶的成虫外形，与日本虎凤蝶相似，身体黑色，胸背及胸侧着生棕色毛，后翅后缘生有灰色羽绒状毛丛，前后翅具有黑黄相间的条纹。这种凤蝶每年生一代。成虫在3月中下旬交配，4月初产卵，卵产在杜蘅植物的叶上。4月下旬卵开始孵化。幼虫体色浓黑，身上着生黑色的刚毛丛，并稀疏地着生约4列白色长毛。幼虫专食杜蘅的叶子。5月下旬开始化蛹。国内分布于江苏、浙江和陕西。

三尾褐凤蝶（Robert Nash 供图）▶

阿波罗绢蝶是一种中型蝶类，翅展有50～80毫米，翅质似薄的丝织品，所以叫"绢蝶"。前翅较圆，白垩色，翅表有许多黑点、灰白斑及无鳞透明区，这些斑点的形状、密度及其强度常随产地的不同而有所变化，但后翅通常总有显著的鲜红色斑点。触角主干灰白色，有浅黑色环带。幼虫以景天植物为寄主。一年一代，以卵越冬。它栖息于海拔750～2 000米亚高山区。国内仅分布于新疆。

中华虎凤蝶（Notafly 供图）▶

▲ 阿波罗绢蝶（Roger Culos 供图）翅质薄如丝织品

# 口索动物

**黄岛长吻虫**

（柱头虫目　玉钩虫科）

黄岛长吻虫（拉丁学名：*Saccoglossus hwangtauensis*）身体柔软而细长、呈蠕虫状，吻长为领长的3.37～8.5倍，故名长吻虫。躯干部又可分为前、中、后三部分。雌性为淡黄褐色，雄性淡黄或橘黄色。后躯干部为黄色，扁平呈管状，内部充满沙粒。仅产于中国山东青岛沿海，为国家一级保护野生动物。

　　黄岛长吻虫和多鳃孔舌形虫，体呈蠕虫状，左右对称。仅接近口腔背面有一条短的原始脊索，称为"口索"。身体前端吻部有起源于体腔的水腔。它们生活于海中，如玉钩虫科和柱头虫科的种类。

　　黄岛长吻虫又叫"玉钩虫"。在过去出版的一些动物学书刊中，都叫它"黄岛长吻柱头虫"，因为它属于玉钩虫科而不属于柱头虫科，所以现在叫它"黄岛长吻虫"。

　　黄岛长吻虫为蠕虫状，全长29毫米，体部明显分为吻、领、躯干三部分。吻部背腹侧扁，呈扁圆锥形，背腹两中线上，各具有一条深或浅的纵沟。吻长15.6毫米，宽5.6毫米。领部表面较光滑，中部有一条浅而宽的沟线，后部则有一非常清晰的深沟。领长2.5～3.4毫米，宽4.0～5.5毫米，两者之比为0.65。吻长为领长的3.37到8.5倍，故名长吻虫。躯干部又可分为前、中、后三部分。前部有鳃和生殖翼，称鳃生殖部。生殖翼的前端与领部后缘相连，前部较低，好像两条细的隆脊，其后逐渐加厚至中部，然后又逐渐降低，直至消失。生殖翼之间有两条淡色低隆起，其外有一行小鳃孔，鳃孔数90对左右。躯干中部为肝脏所在，称肝盲囊。后部扁平呈管状，内部充满沙粒。腹部表面内有两条纵走肌肉索。

　　活的黄岛长吻虫，躯干伸直，表面平滑；死后腹部纵走肌索收缩呈卷曲状。活动物的吻部和鳃生殖部浅橘黄色，肝盲囊褐绿色，其后褐色素逐渐减少，黄色素逐渐增加，后躯干部为黄色。此虫仅产于山东青岛沿海，离低潮40～50米的细沙中，数量十分稀少，我国已列为一级保护野生动物。

　　多鳃孔舌形虫与黄岛长吻虫同属口索动物中肠鳃纲，但前者归于柱头虫科，而不是玉钩虫科。在外形上，这两种动物比较相似，多鳃孔舌形虫也分吻、领和躯干三部分，但吻较黄岛长吻虫短。它的前端是短圆锥形的吻，作为肌肉挖掘器官；接着是短的肌肉间体，叫做领；领的后面是延长的蠕虫状躯干。躯干又可分为鳃、生殖、肝和尾四个区。鳃区有许多鳃孔，成对地排列在背侧。雌虫产卵在海滩里，卵数有上千枚。雄虫在产卵同时或稍迟就释放精子授精。受精卵孵化出有纤毛的幼虫，很快进行游泳，然后沉入海底，穴居于沙粒中，体表黏液与沙子结合在一起，以沙底质有机物质为食。我国海域也发现多鳃孔舌形虫，但数量极少，所以已将它列为国家一级保护野生动物。

# 附录
# 国家重点保护野生动物名录

*代表水生野生动物；#代表该分类单元所有种均列入名录。

| 中文名 | 学 名 | 保护级别 | 备 注 |
|---|---|---|---|
| 脊索动物门 CHORDATA | | | |
| 哺乳纲 MAMMALIA | | | |
| **灵长目#** | **PRIMATES** | | |
| **懒猴科** | **Lorisidae** | | |
| 蜂猴 | *Nycticebus bengalensis* | 一级 | |
| 倭蜂猴 | *Nycticebus pygmaeus* | 一级 | |
| **猴科** | **Cercopithecidae** | | |
| 短尾猴 | *Macaca arctoides* | 二级 | |
| 熊猴 | *Macaca assamensis* | 二级 | |
| 台湾猴 | *Macaca cyclopis* | 一级 | |
| 北豚尾猴 | *Macaca leonina* | 一级 | 原名"豚尾猴" |
| 白颊猕猴 | *Macaca leucogenys* | 二级 | |
| 猕猴 | *Macaca mulatta* | 二级 | |
| 藏南猕猴 | *Macaca munzala* | 二级 | |
| 藏酋猴 | *Macaca thibetana* | 二级 | |
| 喜山长尾叶猴 | *Semnopithecus schistaceus* | 一级 | |
| 印支灰叶猴 | *Trachypithecus crepusculus* | 一级 | |

(续表)

| 中文名 | 学　名 | 保护级别 | 备　注 |
|---|---|---|---|
| 黑叶猴 | *Trachypithecus francoisi* | 一级 | |
| 菲氏叶猴 | *Trachypithecus phayrei* | 一级 | |
| 戴帽叶猴 | *Trachypithecus pileatus* | 一级 | |
| 白头叶猴 | *Trachypithecus leucocephalus* | 一级 | |
| 肖氏乌叶猴 | *Trachypithecus shortridgei* | 一级 | |
| 滇金丝猴 | *Rhinopithecus bieti* | 一级 | |
| 黔金丝猴 | *Rhinopithecus brelichi* | 一级 | |
| 川金丝猴 | *Rhinopithecus roxellana* | 一级 | |
| 怒江金丝猴 | *Rhinopithecus strykeri* | 一级 | |
| 长臂猿科 | Hylobatidae | | |
| 西白眉长臂猿 | *Hoolock hoolock* | 一级 | |
| 东白眉长臂猿 | *Hoolock leuconedys* | 一级 | |
| 高黎贡白眉长臂猿 | *Hoolock tianxing* | 一级 | |
| 白掌长臂猿 | *Hylobates lar* | 一级 | |
| 西黑冠长臂猿 | *Nomascus concolor* | 一级 | |
| 东黑冠长臂猿 | *Nomascus nasutus* | 一级 | |
| 海南长臂猿 | *Nomascus hainanus* | 一级 | |
| 北白颊长臂猿 | *Nomascus leucogenys* | 一级 | |
| 鳞甲目# | **PHOLIDOTA** | | |
| 鲮鲤科 | Manidae | | |
| 印度穿山甲 | *Manis crassicaudata* | 一级 | |
| 马来穿山甲 | *Manis javanica* | 一级 | |
| 穿山甲 | *Manis pentadactyla* | 一级 | |
| 食肉目 | **CARNIVORA** | | |
| 犬科 | Canidae | | |

（续表）

| 中文名 | 学 名 | 保护级别 | 备 注 |
|---|---|---|---|
| 狼 | Canis lupus | 二级 | |
| 亚洲胡狼 | Canis aureus | 二级 | |
| 豺 | Cuon alpinus | 一级 | |
| 貉 | Nyctereutes procyonoides | 二级 | 仅限野外种群 |
| 沙狐 | Vulpes corsac | 二级 | |
| 藏狐 | Vulpes ferrilata | 二级 | |
| 赤狐 | Vulpes vulpes | 二级 | |
| **熊科#** | **Ursidae** | | |
| 懒熊 | Melursus ursinus | 二级 | |
| 马来熊 | Helarctos malayanus | 一级 | |
| 棕熊 | Ursus arctos | 二级 | |
| 黑熊 | Ursus thibetanus | 二级 | |
| **大熊猫科#** | **Ailuropodidae** | | |
| 大熊猫 | Ailuropoda melanoleuca | 一级 | |
| **小熊猫科#** | **Ailuridae** | | |
| 小熊猫 | Ailurus fulgens | 二级 | |
| **鼬科** | **Mustelidae** | | |
| 黄喉貂 | Martes flavigula | 二级 | |
| 石貂 | Martes foina | 二级 | |
| 紫貂 | Martes zibellina | 一级 | |
| 貂熊 | Gulo gulo | 一级 | |
| *小爪水獭 | Aonyx cinerea | 二级 | |
| *水獭 | Lutra lutra | 二级 | |
| *江獭 | Lutrogale perspicillata | 二级 | |
| **灵猫科** | **Viverridae** | | |

（续表）

| 中文名 | 学　名 | 保护级别 | 备　注 |
|---|---|---|---|
| 大斑灵猫 | *Viverra megaspila* | 一级 | |
| 大灵猫 | *Viverra zibetha* | 一级 | |
| 小灵猫 | *Viverricula indica* | 一级 | |
| 椰子猫 | *Paradoxurus hermaphroditus* | 二级 | |
| 熊狸 | *Arctictis binturong* | 一级 | |
| 小齿狸 | *Arctogalidia trivirgata* | 一级 | |
| 缟灵猫 | *Chrotogale owstoni* | 一级 | |
| **林狸科** | **Prionodontidae** | | |
| 斑林狸 | *Prionodon pardicolor* | 二级 | |
| **猫科#** | **Felidae** | | |
| 荒漠猫 | *Felis bieti* | 一级 | |
| 丛林猫 | *Felis chaus* | 一级 | |
| 草原斑猫 | *Felis silvestris* | 二级 | |
| 渔猫 | *Felis viverrinus* | 二级 | |
| 兔狲 | *Otocolobus manul* | 二级 | |
| 猞猁 | *Lynx lynx* | 二级 | |
| 云猫 | *Pardofelis marmorata* | 二级 | |
| 金猫 | *Pardofelis temminckii* | 一级 | |
| 豹猫 | *Prionailurus bengalensis* | 二级 | |
| 云豹 | *Neofelis nebulosa* | 一级 | |
| 豹 | *Panthera pardus* | 一级 | |
| 虎 | *Panthera tigris* | 一级 | |
| 雪豹 | *Panthera uncia* | 一级 | |
| **海狮科#** | **Otariidae** | | |
| *北海狗 | *Callorhinus ursinus* | 二级 | |

（续表）

| 中文名 | 学　名 | 保护级别 | 备　注 |
|---|---|---|---|
| *北海狮 | *Eumetopias jubatus* | 二级 | |
| 海豹科# | Phocidae | | |
| *西太平洋斑海豹 | *Phoca largha* | 一级 | 原名"斑海豹" |
| *髯海豹 | *Erignathus barbatus* | 二级 | |
| *环海豹 | *Pusa hispida* | 二级 | |
| 长鼻目# | PROBOSCIDEA | | |
| 象科 | Elephantidae | | |
| 亚洲象 | *Elephas maximus* | 一级 | |
| 奇蹄目 | PERISSODACTYLA | | |
| 马科 | Equidae | | |
| 普氏野马 | *Equus ferus* | 一级 | 原名"野马" |
| 蒙古野驴 | *Equus hemionus* | 一级 | |
| 藏野驴 | *Equus kiang* | 一级 | 原名"西藏野驴" |
| 偶蹄目 | ARTIODACTYLA | | |
| 骆驼科 | Camelidae | | 原名"驼科" |
| 野骆驼 | *Camelus ferus* | 一级 | |
| 鼷鹿科# | Tragulidae | | |
| 威氏鼷鹿 | *Tragulus williamsoni* | 一级 | 原名"鼷鹿" |
| 麝科# | Moschidae | | |
| 安徽麝 | *Moschus anhuiensis* | 一级 | |
| 林麝 | *Moschus berezovskii* | 一级 | |
| 马麝 | *Moschus chrysogaster* | 一级 | |
| 黑麝 | *Moschus fuscus* | 一级 | |
| 喜马拉雅麝 | *Moschus leucogaster* | 一级 | |
| 原麝 | *Moschus moschiferus* | 一级 | |

（续表）

| 中文名 | 学　名 | 保护级别 | 备　注 |
|---|---|---|---|
| 鹿科 | Cervidae | | |
| 獐 | *Hydropotes inermis* | 二级 | 原名"河麂" |
| 黑麂 | *Muntiacus crinifrons* | 一级 | |
| 贡山麂 | *Muntiacus gongshanensis* | 二级 | |
| 海南麂 | *Muntiacus nigripes* | 二级 | |
| 豚鹿 | *Axis porcinus* | 一级 | |
| 水鹿 | *Cervus equinus* | 二级 | |
| 梅花鹿 | *Cervus nippon* | 一级 | 仅限野外种群 |
| 马鹿 | *Cervus canadensis* | 二级 | 仅限野外种群 |
| 西藏马鹿（包括白臀鹿） | *Cervus wallichii (C. w. macneilli)* | 一级 | |
| 塔里木马鹿 | *Cervus yarkandensis* | 一级 | 仅限野外种群 |
| 坡鹿 | *Panolia siamensis* | 一级 | |
| 白唇鹿 | *Przewalskium albirostris* | 一级 | |
| 麋鹿 | *Elaphurus davidianus* | 一级 | |
| 毛冠鹿 | *Elaphodus cephalophus* | 二级 | |
| 驼鹿 | *Alces alces* | 一级 | |
| 牛科 | Bovidae | | |
| 野牛 | *Bos gaurus* | 一级 | |
| 爪哇野牛 | *Bos javanicus* | 一级 | |
| 野牦牛 | *Bos mutus* | 一级 | |
| 蒙原羚 | *Procapra gutturosa* | 一级 | 原名"黄羊" |
| 藏原羚 | *Procapra picticaudata* | 二级 | |
| 普氏原羚 | *Procapra przewalskii* | 一级 | |
| 鹅喉羚 | *Gazella subgutturosa* | 二级 | |

（续表）

| 中文名 | 学 名 | 保护级别 | 备 注 |
|---|---|---|---|
| 藏羚 | *Pantholops hodgsonii* | 一级 | |
| 高鼻羚羊 | *Saiga tatarica* | 一级 | |
| 秦岭羚牛 | *Budorcas bedfordi* | 一级 | |
| 四川羚牛 | *Budorcas tibetanus* | 一级 | |
| 不丹羚牛 | *Budorcas whitei* | 一级 | |
| 贡山羚牛 | *Budorcas taxicolor* | 一级 | |
| 赤斑羚 | *Naemorhedus baileyi* | 一级 | |
| 长尾斑羚 | *Naemorhedus caudatus* | 二级 | |
| 缅甸斑羚 | *Naemorhedus evansi* | 二级 | |
| 喜马拉雅斑羚 | *Naemorhedus goral* | 一级 | |
| 中华斑羚 | *Naemorhedus griseus* | 二级 | |
| 塔尔羊 | *Hemitragus jemtahicus* | 一级 | |
| 北山羊 | *Capra sibirica* | 二级 | |
| 岩羊 | *Pseudois nayaur* | 二级 | |
| 阿尔泰盘羊 | *Ovis ammon* | 二级 | |
| 哈萨克盘羊 | *Ovis collium* | 二级 | |
| 戈壁盘羊 | *Ovis darwini* | 二级 | |
| 西藏盘羊 | *Ovis hodgsoni* | 一级 | |
| 天山盘羊 | *Ovis karelini* | 二级 | |
| 帕米尔盘羊 | *Ovis polii* | 二级 | |
| 中华鬣羚 | *Capricornis milneedwardsii* | 二级 | |
| 红鬣羚 | *Capricornis rubidus* | 二级 | |
| 台湾鬣羚 | *Capricornis swinhoei* | 一级 | |
| 喜马拉雅鬣羚 | *Capricomis thar* | 一级 | |
| **啮齿目** | **RODENTIA** | | |

(续表)

| 中文名 | 学　名 | 保护级别 | 备注 |
|---|---|---|---|
| 河狸科 # | Castoridae | | |
| 　河狸 | *Castor fiber* | 一级 | |
| 松鼠科 | Sciuridae | | |
| 　巨松鼠 | *Ratufa bicolor* | 二级 | |
| **兔形目** | **LAGOMORPHA** | | |
| 鼠兔科 | Ochotonidae | | |
| 　贺兰山鼠兔 | *Ochotona argentata* | 二级 | |
| 　伊犁鼠兔 | *Ochotona iliensis* | 二级 | |
| 兔科 | Leporidae | | |
| 　粗毛兔 | *Caprolagus hispidus* | 二级 | |
| 　海南兔 | *Lepus hainanus* | 二级 | |
| 　雪兔 | *Lepus timidus* | 二级 | |
| 　塔里木兔 | *Lepus yarkandensis* | 二级 | |
| **海牛目 #** | **SIRENIA** | | |
| 儒艮科 | Dugongidae | | |
| 　*儒艮 | *Dugong dugon* | 一级 | |
| **鲸目 #** | **CETACEA** | | |
| 露脊鲸科 | Balaenidae | | |
| 　*北太平洋露脊鲸 | *Eubalaena japonica* | 一级 | |
| 灰鲸科 | Eschrichtiidae | | |
| 　*灰鲸 | *Eschrichtius robustus* | 一级 | |
| 须鲸科 | Balaenopteridae | | |
| 　*蓝鲸 | *Balaenoptera musculus* | 一级 | |
| 　*小须鲸 | *Balaenoptera acutorostrata* | 一级 | |
| 　*塞鲸 | *Balaenoptera borealis* | 一级 | |

(续表)

| 中文名 | 学　名 | 保护级别 | 备　注 |
|---|---|---|---|
| *布氏鲸 | *Balaenoptera edeni* | 一级 | |
| *大村鲸 | *Balaenoptera omurai* | 一级 | |
| *长须鲸 | *Balaenoptera physalus* | 一级 | |
| *大翅鲸 | *Megaptera novaeangliae* | 一级 | |
| 白鱀豚科 | Lipotidae | | |
| *白鱀豚 | *Lipotes vexillifer* | 一级 | |
| 恒河豚科 | Platanistidae | | |
| *恒河豚 | *Platanista gangetica* | 一级 | |
| 海豚科 | Delphinidae | | |
| *中华白海豚 | *Sousa chinensis* | 一级 | |
| *糙齿海豚 | *Steno bredanensis* | 二级 | |
| *热带点斑原海豚 | *Stenella attenuata* | 二级 | |
| *条纹原海豚 | *Stenella coeruleoalba* | 二级 | |
| *飞旋原海豚 | *Stenella longirostris* | 二级 | |
| *长喙真海豚 | *Delphinus capensis* | 二级 | |
| *真海豚 | *Delphinus delphis* | 二级 | |
| *印太瓶鼻海豚 | *Tursiops adimcus* | 二级 | |
| *瓶鼻海豚 | *Tursiops truncatus* | 二级 | |
| *弗氏海豚 | *Lagenodelphis hosei* | 二级 | |
| *里氏海豚 | *Grampus griseus* | 二级 | |
| *太平洋斑纹海豚 | *Lagenorhynchus obliquidens* | 二级 | |
| *瓜头鲸 | *Peponocephala electra* | 二级 | |
| *虎鲸 | *Orcinus orca* | 二级 | |
| *伪虎鲸 | *Pseudorca crassidens* | 二级 | |
| *小虎鲸 | *Feresa attenuata* | 二级 | |

（续表）

| 中文名 | 学 名 | 保护级别 | 备注 |
|---|---|---|---|
| *短肢领航鲸 | Globicephala macrorhynchus | 二级 | |
| 鼠海豚科 | Phocoenidae | | |
| *长江江豚 | Neophocaena asiaeorientalis | 一级 | |
| *东亚江豚 | Neophocaena sunameri | 二级 | |
| *印太江豚 | Neophocaena phocaenoides | 二级 | |
| 抹香鲸科 | Physeteridae | | |
| *抹香鲸 | Physeter macrocephalus | 一级 | |
| *小抹香鲸 | Kogia breviceps | 二级 | |
| *侏抹香鲸 | Kogia sima | 二级 | |
| 喙鲸科 | Ziphidae | | |
| *鹅喙鲸 | Ziphius cavirostris | 二级 | |
| *柏氏中喙鲸 | Mesoplodon densirostris | 二级 | |
| *银杏齿中喙鲸 | Mesoplodon ginkgodens | 二级 | |
| *小中喙鲸 | Mesoplodon peruvianus | 二级 | |
| *贝氏喙鲸 | Berardius bairdii | 二级 | |
| *朗氏喙鲸 | Indopacetus pacificus | 二级 | |
| 鸟纲 AVES | | | |
| 鸡形目 | GALLIFORMES | | |
| 雉科 | Phasianidae | | |
| 环颈山鹧鸪 | Arborophila torqueola | 二级 | |
| 四川山鹧鸪 | Arborophila rufipectus | 一级 | |
| 红喉山鹧鸪 | Arborophila rufogularis | 二级 | |
| 白眉山鹧鸪 | Arborophila gingica | 二级 | |
| 白颊山鹧鸪 | Arborophila atrogularis | 二级 | |
| 褐胸山鹧鸪 | Arborophila brunneopectus | 二级 | |

(续表)

| 中文名 | 学名 | 保护级别 | 备注 |
|---|---|---|---|
| 红胸山鹧鸪 | *Arborophila mandellii* | 二级 | |
| 台湾山鹧鸪 | *Arborophila crudigularis* | 二级 | |
| 海南山鹧鸪 | *Arborophila ardens* | 一级 | |
| 绿脚树鹧鸪 | *Tropicoperdix chloropus* | 二级 | |
| 花尾榛鸡 | *Tetrastes bonasia* | 二级 | |
| 斑尾榛鸡 | *Tetrastes sewerzowi* | 一级 | |
| 镰翅鸡 | *Falcipennis falcipennis* | 二级 | |
| 松鸡 | *Tetrao urogallus* | 二级 | |
| 黑嘴松鸡 | *Tetrao urogalloides* | 一级 | 原名"细嘴松鸡" |
| 黑琴鸡 | *Lyrurus tetrix* | 一级 | |
| 岩雷鸟 | *Lagopus muta* | 二级 | |
| 柳雷鸟 | *Lagopus lagopus* | 二级 | |
| 红喉雉鹑 | *Tetraophasis obscurus* | 一级 | |
| 黄喉雉鹑 | *Tetraophasis szechenyii* | 一级 | |
| 暗腹雪鸡 | *Tetraogallus himalayensis* | 二级 | |
| 藏雪鸡 | *Tetraogallus tibetanus* | 二级 | |
| 阿尔泰雪鸡 | *Tetraogallus altaicus* | 二级 | |
| 大石鸡 | *Alectoris magna* | 二级 | |
| 血雉 | *Ithaginis cruentus* | 二级 | |
| 黑头角雉 | *Tragopan melanocephalus* | 一级 | |
| 红胸角雉 | *Tragopan satyra* | 一级 | |
| 灰腹角雉 | *Tragopan blythii* | 一级 | |
| 红腹角雉 | *Tragopan temminckii* | 二级 | |
| 黄腹角雉 | *Tragopan caboti* | 一级 | |
| 勺鸡 | *Pucrasia macrolopha* | 二级 | |

（续表）

| 中文名 | 学　　名 | 保护级别 | 备　注 |
|---|---|---|---|
| 棕尾虹雉 | *Lophophorus impejanus* | 一级 | |
| 白尾梢虹雉 | *Lophophorus sclateri* | 一级 | |
| 绿尾虹雉 | *Lophophorus lhuysii* | 一级 | |
| 红原鸡 | *Gallus gallus* | 二级 | 原名"原鸡" |
| 黑鹇 | *Lophura leucomelanos* | 二级 | |
| 白鹇 | *Lophura nycthemera* | 二级 | |
| 蓝腹鹇 | *Lophura swinhoii* | 一级 | 原名"蓝鹇" |
| 白马鸡 | *Crossoptilon crossoptilon* | 二级 | |
| 藏马鸡 | *Crossoptilon harmani* | 二级 | |
| 褐马鸡 | *Crossoptilon mantchuricum* | 一级 | |
| 蓝马鸡 | *Crossoptilon auritum* | 二级 | |
| 白颈长尾雉 | *Syrmaticus ellioti* | 一级 | |
| 黑颈长尾雉 | *Syrmaticus humiae* | 一级 | |
| 黑长尾雉 | *Syrmaticus mikado* | 一级 | |
| 白冠长尾雉 | *Syrmaticus reevesii* | 一级 | |
| 红腹锦鸡 | *Chrysolophus pictus* | 二级 | |
| 白腹锦鸡 | *Chrysolophus amherstiae* | 二级 | |
| 灰孔雀雉 | *Polyplectron bicalcaratum* | 一级 | |
| 海南孔雀雉 | *Polyplectron katsumatae* | 一级 | |
| 绿孔雀 | *Pavo muticus* | 一级 | |
| 雁形目 | **ANSERIFORMES** | | |
| 鸭科 | **Anatidae** | | |
| 栗树鸭 | *Dendrocygna javanica* | 二级 | |
| 鸿雁 | *Anser cygnoid* | 二级 | |
| 白额雁 | *Anser albifrons* | 二级 | |

（续表）

| 中文名 | 学　名 | 保护级别 | 备　注 |
|---|---|---|---|
| 小白额雁 | *Anser erythropus* | 二级 | |
| 红胸黑雁 | *Branta ruficollis* | 二级 | |
| 疣鼻天鹅 | *Cygnus olor* | 二级 | |
| 小天鹅 | *Cygnus columbianus* | 二级 | |
| 大天鹅 | *Cygnus cygnus* | 二级 | |
| 鸳鸯 | *Aix galericulata* | 二级 | |
| 棉凫 | *Nettapus coromandelianus* | 二级 | |
| 花脸鸭 | *Sibirionetta formosa* | 二级 | |
| 云石斑鸭 | *Marmaronetta angustirostris* | 二级 | |
| 青头潜鸭 | *Aythya baeri* | 一级 | |
| 斑头秋沙鸭 | *Mergellus albellus* | 二级 | |
| 中华秋沙鸭 | *Mergus squamatus* | 一级 | |
| 白头硬尾鸭 | *Oxyura leucocephala* | 一级 | |
| 白翅栖鸭 | *Asarcomis scutulata* | 二级 | |
| 䴙䴘目 | **PODICIPEDIFORMES** | | |
| 䴙䴘科 | **Podicipedidae** | | |
| 赤颈䴙䴘 | *Podiceps grisegena* | 二级 | |
| 角䴙䴘 | *Podiceps auritus* | 二级 | |
| 黑颈䴙䴘 | *Podiceps nigricollis* | 二级 | |
| 鸽形目 | **COLUMBIFORMES** | | |
| 鸠鸽科 | **Columbidae** | | |
| 中亚鸽 | *Columba eversmanni* | 二级 | |
| 斑尾林鸽 | *Columba palumbus* | 二级 | |
| 紫林鸽 | *Columba punicea* | 二级 | |
| 斑尾鹃鸠 | *Macropygia unchall* | 二级 | |

(续表)

| 中文名 | 学 名 | 保护级别 | 备 注 |
|---|---|---|---|
| 菲律宾鹃鸠 | *Macropygia tenuirostris* | 二级 | |
| 小鹃鸠 | *Macropygia ruficeps* | 一级 | 原名"棕头鹃鸠" |
| 橙胸绿鸠 | *Treron bicinctus* | 二级 | |
| 灰头绿鸠 | *Treron pompadora* | 二级 | |
| 厚嘴绿鸠 | *Treron curvirostra* | 二级 | |
| 黄脚绿鸠 | *Treron phoenicopterus* | 二级 | |
| 针尾绿鸠 | *Treron apicauda* | 二级 | |
| 楔尾绿鸠 | *Treron sphenurus* | 二级 | |
| 红翅绿鸠 | *Treron sieboldii* | 二级 | |
| 红顶绿鸠 | *Treron formosae* | 二级 | |
| 黑颏果鸠 | *Ptilinopus leclancheri* | 二级 | |
| 绿皇鸠 | *Ducula aenea* | 二级 | |
| 山皇鸠 | *Ducula badia* | 二级 | |
| **沙鸡目** | **PTEROCLIFORMES** | | |
| 沙鸡科 | Pteroclidae | | |
| 黑腹沙鸡 | *Pterocles orientalis* | 二级 | |
| **夜鹰目** | **CAPRIMULGIFORMES** | | |
| 蛙口夜鹰科 | Podargidae | | |
| 黑顶蛙口夜鹰 | *Batrachostomus hodgsoni* | 二级 | |
| 凤头雨燕科 | Hemiprocnidae | | |
| 凤头雨燕 | *Hemiprocne coronata* | 二级 | |
| 雨燕科 | Apodidae | | |
| 爪哇金丝燕 | *Aerodramus fuciphagus* | 二级 | |
| 灰喉针尾雨燕 | *Hirundapus cochinchinensis* | 二级 | |
| **鹃形目** | **CUCULIFORMES** | | |

（续表）

| 中文名 | 学　　名 | 保护级别 | 备　注 |
|---|---|---|---|
| 杜鹃科 | Cuculidae | | |
| 　褐翅鸦鹃 | *Centropus sinensis* | 二级 | |
| 　小鸦鹃 | *Centropus bengalensis* | 二级 | |
| 鸨形目 # | **OTIDIFORMES** | | |
| 　鸨科 | Otididae | | |
| 　　大鸨 | *Otis tarda* | 一级 | |
| 　　波斑鸨 | *Chlamydotis macqueenii* | 一级 | |
| 　　小鸨 | *Tetrax tetrax* | 一级 | |
| 鹤形目 | **GRUIFORMES** | | |
| 　秧鸡科 | Rallidae | | |
| 　　花田鸡 | *Coturnicops exquisitus* | 二级 | |
| 　　长脚秧鸡 | *Crex crex* | 二级 | |
| 　　棕背田鸡 | *Zapornia bicolor* | 二级 | |
| 　　姬田鸡 | *Zapornia parva* | 二级 | |
| 　　斑胁田鸡 | *Zapornia paykullii* | 二级 | |
| 　　紫水鸡 | *Porphyrio porphyrio* | 二级 | |
| 　鹤科 # | Gruidae | | |
| 　　白鹤 | *Grus leucogeranus* | 一级 | |
| 　　沙丘鹤 | *Grus canadensis* | 二级 | |
| 　　白枕鹤 | *Grus vipio* | 一级 | |
| 　　赤颈鹤 | *Grus antigone* | 一级 | |
| 　　蓑羽鹤 | *Grus virgo* | 二级 | |
| 　　丹顶鹤 | *Grus japonensis* | 一级 | |
| 　　灰鹤 | *Grus grus* | 二级 | |
| 　　白头鹤 | *Grus monacha* | 一级 | |

(续表)

| 中文名 | 学　名 | 保护级别 | 备　注 |
|---|---|---|---|
| 黑颈鹤 | *Grus nigricollis* | 一级 | |
| **鸻形目** | **CHARADRIIFORMES** | | |
| 　石鸻科 | Burhinidae | | |
| 　　大石鸻 | *Esacus recurvirostris* | 二级 | |
| 　鹮嘴鹬科 | Ibidorhynchidae | | |
| 　　鹮嘴鹬 | *Ibidorhyncha struthersii* | 二级 | |
| 　鸻科 | Charadriidae | | |
| 　　黄颊麦鸡 | *Vanellus gregarius* | 二级 | |
| 　水雉科 | Jacanidae | | |
| 　　水雉 | *Hydrophasianus chirurgus* | 二级 | |
| 　　铜翅水雉 | *Metopidius indicus* | 二级 | |
| 　鹬科 | Scolopacidae | | |
| 　　林沙锥 | *Gallinago nemoricola* | 二级 | |
| 　　半蹼鹬 | *Limnodromus semipalmatus* | 二级 | |
| 　　小杓鹬 | *Numenius minutus* | 二级 | |
| 　　白腰杓鹬 | *Numenius arquata* | 二级 | |
| 　　大杓鹬 | *Numenius madagascariensis* | 二级 | |
| 　　小青脚鹬 | *Tringa guttifer* | 一级 | |
| 　　翻石鹬 | *Arenaria interpres* | 二级 | |
| 　　大滨鹬 | *Calidris tenuirostris* | 二级 | |
| 　　勺嘴鹬 | *Calidris pygmaea* | 一级 | |
| 　　阔嘴鹬 | *Calidris falcinellus* | 二级 | |
| 　燕鸻科 | Glareolidae | | |
| 　　灰燕鸻 | *Glareola lactea* | 二级 | |
| 　鸥科 | Laridae | | |

(续表)

| 中文名 | 学　名 | 保护级别 | 备　注 |
|---|---|---|---|
| 黑嘴鸥 | *Saundersilarus saundersi* | 一级 | |
| 小鸥 | *Hydrocoloeus minutus* | 二级 | |
| 遗鸥 | *Ichthyaetus relictus* | 一级 | |
| 大凤头燕鸥 | *Thalasseus bergii* | 二级 | |
| 中华凤头燕鸥 | *Thalasseus bernsteini* | 一级 | 原名"黑嘴端凤头燕鸥" |
| 河燕鸥 | *Sterna aurantia* | 一级 | 原名"黄嘴河燕鸥" |
| 黑腹燕鸥 | *Sterna acuticauda* | 二级 | |
| 黑浮鸥 | *Chlidonias niger* | 二级 | |
| **海雀科** | **Alcidae** | | |
| 冠海雀 | *Synthliboramphus wumizusume* | 二级 | |
| **鹱形目** | **PROCELLARIIFORMES** | | |
| **信天翁科** | **Diomedeidae** | | |
| 黑脚信天翁 | *Phoebastria nigripes* | 一级 | |
| 短尾信天翁 | *Phoebastria albatrus* | 一级 | |
| **鹳形目** | **CICONIIFORMES** | | |
| **鹳科** | **Ciconiidae** | | |
| 彩鹳 | *Mycteria leucocephala* | 一级 | |
| 黑鹳 | *Ciconia nigra* | 一级 | |
| 白鹳 | *Ciconia ciconia* | 一级 | |
| 东方白鹳 | *Ciconia boyciana* | 一级 | |
| 秃鹳 | *Leptoptilos javanicus* | 二级 | |
| **鲣鸟目** | **SULIFORMES** | | |
| **军舰鸟科** | **Fregatidae** | | |
| 白腹军舰鸟 | *Fregata andrewsi* | 一级 | |

（续表）

| 中文名 | 学　名 | 保护级别 | 备　注 |
|---|---|---|---|
| 黑腹军舰鸟 | *Fregata minor* | 二级 | |
| 白斑军舰鸟 | *Fregata ariel* | 二级 | |
| 鲣鸟科# | **Sulidae** | | |
| 蓝脸鲣鸟 | *Sula dactylatra* | 二级 | |
| 红脚鲣鸟 | *Sula sula* | 二级 | |
| 褐鲣鸟 | *Sula leucogaster* | 二级 | |
| 鸬鹚科 | **Phalacrocoracidae** | | |
| 黑颈鸬鹚 | *Microcarbo niger* | 二级 | |
| 海鸬鹚 | *Phalacrocorax pelagicus* | 二级 | |
| 鹈形目 | **PELECANIFORMES** | | |
| 鹮科 | **Threskiornithidae** | | |
| 黑头白鹮 | *Threskiornis melanocephalus* | 一级 | 原名"白鹮" |
| 白肩黑鹮 | *Pseudibis davisoni* | 一级 | 原名"黑鹮" |
| 朱鹮 | *Nipponia nippon* | 一级 | |
| 彩鹮 | *Plegadis falcinellus* | 一级 | |
| 白琵鹭 | *Platalea leucorodia* | 二级 | |
| 黑脸琵鹭 | *Platalea minor* | 一级 | |
| 鹭科 | **Ardeidae** | | |
| 小苇鳽 | *Ixobrychus minutus* | 二级 | |
| 海南鳽 | *Gorsachius magnificus* | 一级 | 原名"海南虎斑鳽" |
| 栗头鳽 | *Gorsachius goisagi* | 二级 | |
| 黑冠鳽 | *Gorsachius melanolophus* | 二级 | |
| 白腹鹭 | *Ardea insignis* | 一级 | |

（续表）

| 中文名 | 学　名 | 保护级别 | 备　注 |
|---|---|---|---|
| 岩鹭 | *Egretta sacra* | 二级 | |
| 黄嘴白鹭 | *Egretta eulophotes* | 一级 | |
| **鹈鹕科 #** | **Pelecanidae** | | |
| 白鹈鹕 | *Pelecanus onocrotalus* | 一级 | |
| 斑嘴鹈鹕 | *Pelecanus philippensis* | 一级 | |
| 卷羽鹈鹕 | *Pelecanus crispus* | 一级 | |
| **鹰形目 #** | **ACCIPITRIFORMES** | | |
| **鹗科** | **Pandionidae** | | |
| 鹗 | *Pandion haliaetus* | 二级 | |
| **鹰科** | **Accipitridae** | | |
| 黑翅鸢 | *Elanus caeruleus* | 二级 | |
| 胡兀鹫 | *Gypaelus barbatus* | 一级 | |
| 白兀鹫 | *Neophron percnopterus* | 二级 | |
| 鹃头蜂鹰 | *Pernis apivorus* | 二级 | |
| 凤头蜂鹰 | *Pernis ptilorhynchus* | 二级 | |
| 褐冠鹃隼 | *Aviceda jerdoni* | 二级 | |
| 黑冠鹃隼 | *Aviceda leuphotes* | 二级 | |
| 兀鹫 | *Gyps fulvus* | 二级 | |
| 长嘴兀鹫 | *Gyps indicus* | 二级 | |
| 白背兀鹫 | *Gyps bengalensis* | 一级 | 原名"拟兀鹫" |
| 高山兀鹫 | *Gyps himalayensis* | 二级 | |
| 黑兀鹫 | *Sarcogyps calvus* | 一级 | |
| 秃鹫 | *Aegypius monachus* | 一级 | |
| 蛇雕 | *Spilomis cheela* | 二级 | |
| 短趾雕 | *Circaetus gallicus* | 二级 | |

(续表)

| 中文名 | 学　　名 | 保护级别 | 备　注 |
|---|---|---|---|
| 凤头鹰雕 | *Nisaetus cirrhatus* | 二级 | |
| 鹰雕 | *Nisaetus nipalensis* | 二级 | |
| 棕腹隼雕 | *Lophotriorchis kienerii* | 二级 | |
| 林雕 | *Ictinaetus malaiensis* | 二级 | |
| 乌雕 | *Clanga clanga* | 一级 | |
| 靴隼雕 | *Hieraaetus pennatus* | 二级 | |
| 草原雕 | *Aquila nipalensis* | 一级 | |
| 白肩雕 | *Aquila heliaca* | 一级 | |
| 金雕 | *Aquila chrysaetos* | 一级 | |
| 白腹隼雕 | *Aquila fasciata* | 二级 | |
| 凤头鹰 | *Accipiter trivirgatus* | 二级 | |
| 褐耳鹰 | *Accipiter badius* | 二级 | |
| 赤腹鹰 | *Accipiter soloensis* | 二级 | |
| 日本松雀鹰 | *Accipiter gularis* | 二级 | |
| 松雀鹰 | *Accipiter virgatus* | 二级 | |
| 雀鹰 | *Accipiter nisus* | 二级 | |
| 苍鹰 | *Accipiter gentilis* | 二级 | |
| 白头鹞 | *Circus aeruginosus* | 二级 | |
| 白腹鹞 | *Circus spilonotus* | 二级 | |
| 白尾鹞 | *Circus cyaneus* | 二级 | |
| 草原鹞 | *Circus macrourus* | 二级 | |
| 鹊鹞 | *Circus melanoleucos* | 二级 | |
| 乌灰鹞 | *Circus pygargus* | 二级 | |
| 黑鸢 | *Milvus migrans* | 二级 | |
| 栗鸢 | *Haliastur indus* | 二级 | |

（续表）

| 中文名 | 学　名 | 保护级别 | 备　注 |
|---|---|---|---|
| 白腹海雕 | *Haliaeetus leucogaster* | 一级 | |
| 玉带海雕 | *Haliaeetus Ieucoryphus* | 一级 | |
| 白尾海雕 | *Haliaeetus albicilla* | 一级 | |
| 虎头海雕 | *Haliaeetus pelagicus* | 一级 | |
| 渔雕 | *Icthyophaga humilis* | 二级 | |
| 白眼鵟鹰 | *Butastur teesa* | 二级 | |
| 棕翅鵟鹰 | *Butastur liventer* | 二级 | |
| 灰脸鵟鹰 | *Butastur indicus* | 二级 | |
| 毛脚鵟 | *Buteo lagopus* | 二级 | |
| 大鵟 | *Buteo hemilasius* | 二级 | |
| 普通鵟 | *Buteo japonicus* | 二级 | |
| 喜山鵟 | *Buteo refectus* | 二级 | |
| 欧亚鵟 | *Buteo buteo* | 二级 | |
| 棕尾鵟 | *Buteo rufinus* | 二级 | |
| **鸮形目#** | **STRIGIFORMES** | | |
| 鸱鸮科 | Strigidae | | |
| 黄嘴角鸮 | *Otus spilocephalus* | 二级 | |
| 领角鸮 | *Otus lettia* | 二级 | |
| 北领角鸮 | *Otus semitorques* | 二级 | |
| 纵纹角鸮 | *Otus brucei* | 二级 | |
| 西红角鸮 | *Otus scops* | 二级 | |
| 红角鸮 | *Otus sunia* | 二级 | |
| 优雅角鸮 | *Otus elegans* | 二级 | |
| 雪鸮 | *Bubo scandiacus* | 二级 | |
| 雕鸮 | *Bubo bubo* | 二级 | |

（续表）

| 中文名 | 学　　名 | 保护级别 | 备　注 |
|---|---|---|---|
| 林雕鸮 | *Bubo nipalensis* | 二级 | |
| 毛腿雕鸮 | *Bubo blakistoni* | 一级 | |
| 褐渔鸮 | *Ketupa zeylonensis* | 二级 | |
| 黄腿渔鸮 | *Ketupa flavipes* | 二级 | |
| 褐林鸮 | *Strix leptogrammica* | 二级 | |
| 灰林鸮 | *Strix aluco* | 二级 | |
| 长尾林鸮 | *Strix uralensis* | 二级 | |
| 四川林鸮 | *Strix davidi* | 一级 | |
| 乌林鸮 | *Strix nebulosa* | 二级 | |
| 猛鸮 | *Suunia ulula* | 二级 | |
| 花头鸺鹠 | *Glaucidium passerinum* | 二级 | |
| 领鸺鹠 | *Glaucidium brodiei* | 二级 | |
| 斑头鸺鹠 | *Glaucidium cuculoides* | 二级 | |
| 纵纹腹小鸮 | *Athene noctua* | 二级 | |
| 横斑腹小鸮 | *Athene brama* | 二级 | |
| 鬼鸮 | *Aegolius funereus* | 二级 | |
| 鹰鸮 | *Ninox scutulata* | 二级 | |
| 日本鹰鸮 | *Ninox japonica* | 二级 | |
| 长耳鸮 | *Asio otus* | 二级 | |
| 短耳鸮 | *Asio flammeus* | 二级 | |
| 草鸮科 | Tytonidae | | |
| 仓鸮 | *Tyto alba* | 二级 | |
| 草鸮 | *Tyto longimembris* | 二级 | |
| 栗鸮 | *Phodilus badius* | 二级 | |
| 咬鹃目# | **TROGONIFORMES** | | |

（续表）

| 中文名 | 学　名 | 保护级别 | 备　注 |
|---|---|---|---|
| 咬鹃科 | Trogonidae | | |
| 　橙胸咬鹃 | *Harpactes oreskios* | 二级 | |
| 　红头咬鹃 | *Harpactes erythrocephalus* | 二级 | |
| 　红腹咬鹃 | *Harpactes wardi* | 二级 | |
| 犀鸟目 | **BUCEROTIFORMES** | | |
| 　犀鸟科# | Bucerotidae | | |
| 　　白喉犀鸟 | *Anorrhinus austeni* | 一级 | |
| 　　冠斑犀鸟 | *Anthracoceros albirostris* | 一级 | |
| 　　双角犀鸟 | *Buceros bicornis* | 一级 | |
| 　　棕颈犀鸟 | *Aceros nipalensis* | 一级 | |
| 　　花冠皱盔犀鸟 | *Rhyticeros undulatus* | 一级 | |
| 佛法僧目 | **CORACIIFORMES** | | |
| 　蜂虎科 | Meropidae | | |
| 　　赤须蜂虎 | *Nyctyornis amictus* | 二级 | |
| 　　蓝须蜂虎 | *Nyctyornis athertoni* | 二级 | |
| 　　绿喉蜂虎 | *Merops orientalis* | 二级 | |
| 　　蓝颊蜂虎 | *Merops persicus* | 二级 | |
| 　　栗喉蜂虎 | *Merops philippinus* | 二级 | |
| 　　彩虹蜂虎 | *Merops ornatus* | 二级 | |
| 　　蓝喉蜂虎 | *Merops viridis* | 二级 | |
| 　　栗头蜂虎 | *Merops leschenaulti* | 二级 | 原名"黑胸蜂虎" |
| 　翠鸟科 | Alcedinidae | | |
| 　　鹳嘴翡翠 | *Pelargopsis capensis* | 二级 | 原名"鹳嘴翠鸟" |
| 　　白胸翡翠 | *Halcyon smyrnensis* | 二级 | |
| 　　蓝耳翠鸟 | *Alcedo meninting* | 二级 | |

(续表)

| 中文名 | 学　名 | 保护级别 | 备　注 |
|---|---|---|---|
| 斑头大翠鸟 | *Alcedo hercules* | 二级 | |
| 啄木鸟目 | **PICIFORMES** | | |
| 啄木鸟科 | **Picidae** | | |
| 白翅啄木鸟 | *Dendrocopos leucopterus* | 二级 | |
| 三趾啄木鸟 | *Picoides tridactylus* | 二级 | |
| 白腹黑啄木鸟 | *Dryocopus javensis* | 二级 | |
| 黑啄木鸟 | *Dryocopus martius* | 二级 | |
| 大黄冠啄木鸟 | *Chrysophlegma flavinucha* | 二级 | |
| 黄冠啄木鸟 | *Picus chlorolophus* | 二级 | |
| 红颈绿啄木鸟 | *Picus rabieri* | 二级 | |
| 大灰啄木鸟 | *Mulleripicus pulverulentus* | 二级 | |
| 隼形目# | **FALCONIFORMES** | | |
| 隼科 | **Falconidae** | | |
| 红腿小隼 | *Microhierax caerulescens* | 二级 | |
| 白腿小隼 | *Microhierax melanoleucos* | 二级 | |
| 黄爪隼 | *Falco naumanni* | 二级 | |
| 红隼 | *Falco tinnunculus* | 二级 | |
| 西红脚隼 | *Falco vespertinus* | 二级 | |
| 红脚隼 | *Falco amurensis* | 二级 | |
| 灰背隼 | *Falco columbarius* | 二级 | |
| 燕隼 | *Falco subbuteo* | 二级 | |
| 猛隼 | *Falco severus* | 二级 | |
| 猎隼 | *Falco cherrug* | 一级 | |
| 矛隼 | *Falco rusticolus* | 一级 | |
| 游隼 | *Falco peregrinus* | 二级 | |

(续表)

| 中文名 | 学名 | 保护级别 | 备注 |
|---|---|---|---|
| **鹦形目 #** | **PSITTACIFORMES** | | |
| 鹦鹉科 | Psittacidae | | |
| 短尾鹦鹉 | *Loriculus vernalis* | 二级 | |
| 蓝腰鹦鹉 | *Psittinus cyanurus* | 二级 | |
| 亚历山大鹦鹉 | *Psittacula eupatria* | 二级 | |
| 红领绿鹦鹉 | *Psittacula krameri* | 二级 | |
| 青头鹦鹉 | *Psittacula himalayana* | 二级 | |
| 灰头鹦鹉 | *Psittacula finschii* | 二级 | |
| 花头鹦鹉 | *Psittacula roseata* | 二级 | |
| 大紫胸鹦鹉 | *Psittacula derbiana* | 二级 | |
| 绯胸鹦鹉 | *Psittacula alexandri* | 二级 | |
| **雀形目** | **PASSERIFORMES** | | |
| 八色鸫科 # | Pittidae | | |
| 双辫八色鸫 | *Pitta phayrei* | 二级 | |
| 蓝枕八色鸫 | *Pitta nipalensis* | 二级 | |
| 蓝背八色鸫 | *Pitta soror* | 二级 | |
| 栗头八色鸫 | *Pitta oatesi* | 二级 | |
| 蓝八色鸫 | *Pitta cyanea* | 二级 | |
| 绿胸八色鸫 | *Pitta sordida* | 二级 | |
| 仙八色鸫 | *Pitta nympha* | 二级 | |
| 蓝翅八色鸫 | *Pitta moluccensis* | 二级 | |
| 阔嘴鸟科 # | Eurylaimidae | | |
| 长尾阔嘴鸟 | *Psarisomus dalhousiae* | 二级 | |
| 银胸丝冠鸟 | *Serilophus lunatus* | 二级 | |
| 黄鹂科 | Oriolidae | | |

(续表)

| 中文名 | 学　名 | 保护级别 | 备注 |
|---|---|---|---|
| 鹊鹂 | *Oriolus melliamus* | 二级 | |
| **卷尾科** | Dicruridae | | |
| 小盘尾 | *Dicrurus remifer* | 二级 | |
| 大盘尾 | *Dicrurus paradiseus* | 二级 | |
| **鸦科** | Corvidae | | |
| 黑头噪鸦 | *Perisoreus internigrans* | 一级 | |
| 蓝绿鹊 | *Cissa chinensis* | 二级 | |
| 黄胸绿鹊 | *Cissa hypoleuca* | 二级 | |
| 黑尾地鸦 | *Podoces hendersoni* | 二级 | |
| 白尾地鸦 | *Podoces biddulphi* | 二级 | |
| **山雀科** | Faridae | | |
| 白眉山雀 | *Poecile superciliosus* | 二级 | |
| 红腹山雀 | *Poecile davidi* | 二级 | |
| **百灵科** | Alaudidae | | |
| 歌百灵 | *Mirafra javanica* | 二级 | |
| 蒙古百灵 | *Melanocorypha mongolica* | 二级 | |
| 云雀 | *Alauda arvensis* | 二级 | |
| **苇莺科** | Acrocephalidae | | |
| 细纹苇莺 | *Acrocephalus sorghophilus* | 二级 | |
| **鹎科** | Pycnonotidae | | |
| 台湾鹎 | *Pycnonotus taivanus* | 二级 | |
| **莺鹛科** | Sylviidae | | |
| 金胸雀鹛 | *Lioparus chrysotis* | 二级 | |
| 宝兴鹛雀 | *Moupinia poecilotis* | 二级 | |
| 中华雀鹛 | *Fulvetta striaticollis* | 二级 | |

（续表）

| 中文名 | 学　名 | 保护级别 | 备　注 |
|---|---|---|---|
| 三趾鸦雀 | *Cholornis paradoxus* | 二级 | |
| 白眶鸦雀 | *Sinosuthora conspicillata* | 二级 | |
| 暗色鸦雀 | *Sinosuthora zappeyi* | 二级 | |
| 灰冠鸦雀 | *Sinosuthora przewalskii* | 一级 | |
| 短尾鸦雀 | *Neosuthora davidiana* | 二级 | |
| 震旦鸦雀 | *Paradoxornis heudei* | 二级 | |
| 绣眼鸟科 | Zosteropidae | | |
| 红胁绣眼鸟 | *Zosterops erythropleurus* | 二级 | |
| 林鹛科 | Timaliidae | | |
| 淡喉鹩鹛 | *Spelaeornis kinneari* | 二级 | |
| 弄岗穗鹛 | *Stachyris nonggangensis* | 二级 | |
| 幽鹛科 | Pellorneidae | | |
| 金额雀鹛 | *Schoeniparus variegaticeps* | 一级 | |
| 噪鹛科 | Leiothrichidae | | |
| 大草鹛 | *Babax waddelli* | 二级 | |
| 棕草鹛 | *Babax koslowi* | 二级 | |
| 画眉 | *Garrulax canorus* | 二级 | |
| 海南画眉 | *Garrulax owstoni* | 二级 | |
| 台湾画眉 | *Garrulax taewanus* | 二级 | |
| 褐胸噪鹛 | *Garrulax maesi* | 二级 | |
| 黑额山噪鹛 | *Garrulax sukatschewi* | 一级 | |
| 斑背噪鹛 | *Garrulax lunulatus* | 二级 | |
| 白点噪鹛 | *Garrulax bieti* | 一级 | |
| 大噪鹛 | *Garrulax maximus* | 二级 | |
| 眼纹噪鹛 | *Garrulax ocellatus* | 二级 | |

（续表）

| 中文名 | 学　　名 | 保护级别 | 备　注 |
|---|---|---|---|
| 黑喉噪鹛 | *Garrulax chinensis* | 二级 | |
| 蓝冠噪鹛 | *Garrulax courtoisi* | 一级 | |
| 棕噪鹛 | *Garrulax berthemyi* | 二级 | |
| 橙翅噪鹛 | *Trochalopteron elliotii* | 二级 | |
| 红翅噪鹛 | *Trochalopteron formosum* | 二级 | |
| 红尾噪鹛 | *Trochalopteron milnei* | 二级 | |
| 黑冠薮鹛 | *Liocichla bugunorum* | 一级 | |
| 灰胸薮鹛 | *Liocichla omeiensis* | 一级 | |
| 银耳相思鸟 | *Leiothrix argentauris* | 二级 | |
| 红嘴相思鸟 | *Leiothrix lutea* | 二级 | |
| 旋木雀科 | Certhiidae | | |
| 四川旋木雀 | *Certhia tianquanensis* | 二级 | |
| 鳾科 | Sittidae | | |
| 滇鳾 | *Sitta yunnanensis* | 二级 | |
| 巨鳾 | *Sitta magna* | 二级 | |
| 丽鳾 | *Sitta formosa* | 二级 | |
| 椋鸟科 | Sturnidae | | |
| 鹩哥 | *Gracula religiosa* | 二级 | |
| 鸫科 | Turdidae | | |
| 褐头鸫 | *Turdus feae* | 二级 | |
| 紫宽嘴鸫 | *Cochoa purpurea* | 二级 | |
| 绿宽嘴鸫 | *Cochoa viridis* | 二级 | |
| 鹟科 | Muscicapidae | | |
| 棕头歌鸲 | *Larvivora ruficeps* | 一级 | |
| 红喉歌鸲 | *Calliope calliope* | 二级 | |

（续表）

| 中文名 | 学　名 | 保护级别 | 备　注 |
|---|---|---|---|
| 黑喉歌鸲 | *Calliope obscura* | 二级 | |
| 金胸歌鸲 | *Calliope pectardens* | 二级 | |
| 蓝喉歌鸲 | *Luscinia svecica* | 二级 | |
| 新疆歌鸲 | *Luscinia megarhynchos* | 二级 | |
| 棕腹林鸲 | *Tarsiger hyperythrus* | 二级 | |
| 贺兰山红尾鸲 | *Phoenicurus alaschanicus* | 二级 | |
| 白喉石䳭 | *Saxicola insignis* | 二级 | |
| 白喉林鹟 | *Cyornis brunneatus* | 二级 | |
| 棕腹大仙鹟 | *Niltava davidi* | 二级 | |
| 大仙鹟 | *Niltava grandis* | 二级 | |
| **岩鹨科** | **Prunellidae** | | |
| 贺兰山岩鹨 | *Prunella koslowi* | 二级 | |
| **朱鹀科** | **Urocynchramidae** | | |
| 朱鹀 | *Urocynchramus pylzowi* | 二级 | |
| **燕雀科** | **Fringillidae** | | |
| 褐头朱雀 | *Carpodacus sillemi* | 二级 | |
| 藏雀 | *Carpodacus roborowskii* | 二级 | |
| 北朱雀 | *Carpodacus roseus* | 二级 | |
| 红交嘴雀 | *Loxia curvirostra* | 二级 | |
| **鹀科** | **Emberizidae** | | |
| 蓝鹀 | *Emberiza siemsseni* | 二级 | |
| 栗斑腹鹀 | *Emberiza jankowskii* | 一级 | |
| 黄胸鹀 | *Emberiza aureola* | 一级 | |
| 藏鹀 | *Emberiza koslowi* | 二级 | |

（续表）

| 中文名 | 学　　名 | 保护级别 | 备　注 |
|---|---|---|---|
| 爬行纲 REPTILIA | | | |
| 龟鳖目 | **TESTUDINES** | | |
| 平胸龟科# | Platysternidae | | |
| *平胸龟 | *Platysternon megacephalum* | 二级 | 仅限野外种群 |
| 陆龟科# | Testudinidae | | |
| 缅甸陆龟 | *Indotestudo elongata* | 一级 | |
| 凹甲陆龟 | *Manouria impressa* | 一级 | |
| 四爪陆龟 | *Testudo horsfieldii* | 一级 | |
| 地龟科 | Geoemydidae | | |
| *欧氏摄龟 | *Cyclemys oldhamii* | 二级 | |
| *黑颈乌龟 | *Mauremys nigricans* | 二级 | 仅限野外种群 |
| *乌龟 | *Mauremys reevesii* | 二级 | 仅限野外种群 |
| *花龟 | *Mauremys sinensis* | 二级 | 仅限野外种群 |
| *黄喉拟水龟 | *Mauremys mutica* | 二级 | 仅限野外种群 |
| *闭壳龟属所有种 | *Cuora* spp. | 二级 | 仅限野外种群 |
| *地龟 | *Geoemyda spengleri* | 二级 | |
| *眼斑水龟 | *Sacalia bealei* | 二级 | 仅限野外种群 |
| *四眼斑水龟 | *Sacalia quadriocellata* | 二级 | 仅限野外种群 |
| 海龟科# | Cheloniidae | | |
| *红海龟 | *Caretta caretta* | 一级 | 原名"蠵龟" |
| *绿海龟 | *Chelonia mydas* | 一级 | |
| *玳瑁 | *Eretmochelys imbricata* | 一级 | |
| *太平洋丽龟 | *Lepidochelys olivacea* | 一级 | |
| 棱皮龟科# | Dermochelyidae | | |
| *棱皮龟 | *Dermochelys coriacea* | 一级 | |
| 鳖科 | Trionychidae | | |

（续表）

| 中文名 | 学名 | 保护级别 | 备注 |
|---|---|---|---|
| *鼋 | *Pelochelys cantorii* | 一级 | |
| *山瑞鳖 | *Palea steindachneri* | 二级 | 仅限野外种群 |
| *斑鳖 | *Rafetus swinhoei* | 一级 | |
| **有鳞目** | **SQUAMATA** | | |
| 壁虎科 | Gekkonidae | | |
| 大壁虎 | *Gekko gecko* | 二级 | |
| 黑疣大壁虎 | *Gekko reevesii* | 二级 | |
| 球趾虎科 | Sphaerodactylidae | | |
| 伊犁沙虎 | *Teratoscincus scincus* | 二级 | |
| 吐鲁番沙虎 | *Teratoscincus roborowskii* | 二级 | |
| 睑虎科# | Eublepharidae | | |
| 英德睑虎 | *Goniurosaurus yingdeensis* | 二级 | |
| 越南睑虎 | *Goniurosaurus araneus* | 二级 | |
| 霸王岭睑虎 | *Goniurosaurus bawanglingensis* | 二级 | |
| 海南睑虎 | *Goniurosaurus hainanensis* | 二级 | |
| 嘉道理睑虎 | *Goniurosaurus kadoorieorum* | 二级 | |
| 广西睑虎 | *Goniurosaurus kwangsiensis* | 二级 | |
| 荔波睑虎 | *Goniurosaurus liboensis* | 二级 | |
| 凭祥睑虎 | *Goniurosaurus luii* | 二级 | |
| 蒲氏睑虎 | *Goniurosaurus zhelongi* | 二级 | |
| 周氏睑虎 | *Goniurosaurus zhoui* | 二级 | |
| 鬣蜥科 | Agamidae | | |
| 巴塘龙蜥 | *Diploderma batangense* | 二级 | |
| 短尾龙蜥 | *Diploderma brevicaudum* | 二级 | |
| 侏龙蜥 | *Diploderma drukdaypo* | 二级 | |

（续表）

| 中文名 | 学　　名 | 保护级别 | 备　注 |
|---|---|---|---|
| 滑腹龙蜥 | *Diploderma laeviventre* | 二级 | |
| 宜兰龙蜥 | *Diploderma tuei* | 二级 | |
| 溪头龙蜥 | *Diploderma makii* | 二级 | |
| 帆背龙蜥 | *Diploderma vela* | 二级 | |
| 蜡皮蜥 | *Leiolepis reevesii* | 二级 | |
| 贵南沙蜥 | *Phrynocephalus guinanensis* | 二级 | |
| 大耳沙蜥 | *Phrynocephalus mystaceus* | 一级 | |
| 长鬣蜥 | *Physignathus cocincinus* | 二级 | |
| 蛇蜥科# | Anguidae | | |
| 细脆蛇蜥 | *Ophisaurus gracilis* | 二级 | |
| 海南脆蛇蜥 | *Ophisaurus hainanensis* | 二级 | |
| 脆蛇蜥 | *Ophisaurus harti* | 二级 | |
| 鳄蜥科 | Shinisauridae | | |
| 鳄蜥 | *Shinisaurus crocodilurus* | 一级 | |
| 巨蜥科# | Varanidae | | |
| 孟加拉巨蜥 | *Varanus bengalensis* | 一级 | |
| 圆鼻巨蜥 | *Varanus salvator* | 一级 | 原名"巨蜥" |
| 石龙子科 | Scincidae | | |
| 桓仁滑蜥 | *Scincella huanrenensis* | 二级 | |
| 双足蜥科 | Dibamidae | | |
| 香港双足蜥 | *Dibamus bogadeki* | 二级 | |
| 盲蛇科 | Typhlopidae | | |
| 香港盲蛇 | *Indotyphlops lazelli* | 二级 | |
| 筒蛇科 | Cylindrophiidae | | |
| 红尾筒蛇 | *Cylindrophis ruffus* | 二级 | |

(续表)

| 中文名 | 学　名 | 保护级别 | 备　注 |
|---|---|---|---|
| 闪鳞蛇科 | Xenopeltidae | | |
| 　闪鳞蛇 | Xenopeltis unicolor | 二级 | |
| 蚺科# | Boidae | | |
| 　红沙蟒 | Eryx miliaris | 二级 | |
| 　东方沙蟒 | Eryx tataricus | 二级 | |
| 蟒科# | Pythonidae | | |
| 　蟒蛇 | Python bivittatus | 二级 | 原名"蟒" |
| 闪皮蛇科 | Xenodermidae | | |
| 　井冈山脊蛇 | Achalinus jinggangensis | 二级 | |
| 游蛇科 | Colubridae | | |
| 　三索蛇 | Coelognathus radiatus | 二级 | |
| 　团花锦蛇 | Elaphe davidi | 二级 | |
| 　横斑锦蛇 | Euprepiophis perlaceus | 二级 | |
| 　尖喙蛇 | Rhynchophis boulengeri | 二级 | |
| 　西藏温泉蛇 | Thermophis baileyi | 一级 | |
| 　香格里拉温泉蛇 | Thermophis shangrila | 一级 | |
| 　四川温泉蛇 | Thermophis zhaoermii | 一级 | |
| 　黑网乌梢蛇 | Zaocys carinatus | 二级 | |
| 瘰鳞蛇科 | Acrochordidae | | |
| 　*瘰鳞蛇 | Acrochordus granulatus | 二级 | |
| 眼镜蛇科 | Elapidae | | |
| 　眼镜王蛇 | Ophiophagus hannah | 二级 | |
| 　*蓝灰扁尾海蛇 | Laticauda colubrina | 二级 | |
| 　*扁尾海蛇 | Laticanda laticaudata | 二级 | |
| 　*半环扁尾海蛇 | Laticauda semifasciata | 二级 | |

（续表）

| 中文名 | 学　名 | 保护级别 | 备　注 |
|---|---|---|---|
| *龟头海蛇 | *Emydocephalus ijimae* | 二级 | |
| *青环海蛇 | *Hydrophis cyanocinctus* | 二级 | |
| *环纹海蛇 | *Hydrophis fasciatus* | 二级 | |
| *黑头海蛇 | *Hydrophis melanocephalus* | 二级 | |
| *淡灰海蛇 | *Hydrophis ornatus* | 二级 | |
| *棘眦海蛇 | *Hydrophis peronii* | 二级 | |
| *棘鳞海蛇 | *Hydrophis stokesii* | 二级 | |
| *青灰海蛇 | *Hydrophis caerulescens* | 二级 | |
| *平颏海蛇 | *Hydrophis curtus* | 二级 | |
| *小头海蛇 | *Hydrophis gracilis* | 二级 | |
| *长吻海蛇 | *Hydrophis platurus* | 二级 | |
| *截吻海蛇 | *Hydrophis jerdonii* | 二级 | |
| *海蝰 | *Hydrophis viperinus* | 二级 | |
| 蝰科 | Viperidae | | |
| 泰国圆斑蝰 | *Daboia siamensis* | 二级 | |
| 蛇岛蝮 | *Gloydius shedaoensis* | 二级 | |
| 角原矛头蝮 | *Protobothrops cornutus* | 二级 | |
| 莽山烙铁头蛇 | *Protobothrops mangshanensis* | 一级 | |
| 极北蝰 | *Vipera berus* | 二级 | |
| 东方蝰 | *Vipera renardi* | 二级 | |
| 鳄目 | **CROCODYLIA** | | |
| 鼍科# | Alligatoridae | | |
| *扬子鳄 | *Alligator sinensis* | 一级 | |

两栖纲 AMPHIBIA

| 蚓螈目 | **GYMNOPHIONA** | | |

（续表）

| 中文名 | 学 名 | 保护级别 | 备 注 |
|---|---|---|---|
| 鱼螈科 | Ichthyophiidae | | |
| 　版纳鱼螈 | *Ichthyophis bannanicus* | 二级 | |
| **有尾目** | **CAUDATA** | | |
| 小鲵科# | Hynobiidae | | |
| 　*安吉小鲵 | *Hynobius amjiensis* | 一级 | |
| 　*中国小鲵 | *Hynobius chinensis* | 一级 | |
| 　*挂榜山小鲵 | *Hynobius guabangshanensis* | 一级 | |
| 　*猫儿山小鲵 | *Hynobius maoershanensis* | 一级 | |
| 　*普雄原鲵 | *Protohynobius puxiongensis* | 一级 | |
| 　*辽宁爪鲵 | *Onychodactylus zhaoemii* | 一级 | |
| 　*吉林爪鲵 | *Onychodactylus zhangyapingi* | 二级 | |
| 　*新疆北鲵 | *Ranodon sibiricus* | 二级 | |
| 　*极北鲵 | *Salamondrella keyserlingii* | 二级 | |
| 　*巫山巴鲵 | *Liua shihi* | 二级 | |
| 　*秦巴巴鲵 | *Liua tsinpaensis* | 二级 | |
| 　*黄斑拟小鲵 | *Pseudohynobius flavomaculatus* | 二级 | |
| 　*贵州拟小鲵 | *Pseudohynobius guizhouensis* | 二级 | |
| 　*金佛拟小鲵 | *Pseudohynobius jinfo* | 二级 | |
| 　*宽阔水拟小鲵 | *Pseudohynobius kuankuoshuiensis* | 二级 | |
| 　*水城拟小鲵 | *Pseudohynobius shuichengensis* | 二级 | |
| 　*弱唇褶山溪鲵 | *Batrachuperus cochranae* | 二级 | |
| 　*无斑山溪鲵 | *Batrachuperus karlschmidti* | 二级 | |
| 　*龙洞山溪鲵 | *Batrachuperus londongensis* | 二级 | |
| 　*山溪鲵 | *Batrachuperus pinchonii* | 二级 | |
| 　*西藏山溪鲵 | *Batrachuperus tibetanus* | 二级 | |

(续表)

| 中文名 | 学　名 | 保护级别 | 备　注 |
|---|---|---|---|
| *盐源山溪鲵 | *Batrachuperus yenyuanensis* | 二级 | |
| *阿里山小鲵 | *Hynobius arisanensis* | 二级 | |
| *台湾小鲵 | *Hynobius formosanus* | 二级 | |
| *观雾小鲵 | *Hynobius fucus* | 二级 | |
| *南湖小鲵 | *Hynobius glacialis* | 二级 | |
| *东北小鲵 | *Hynobius leechii* | 二级 | |
| *楚南小鲵 | *Hynobius sonani* | 二级 | |
| *义乌小鲵 | *Hynobius yiwuensis* | 二级 | |
| 隐鳃鲵科 | Cryptobranchidae | | |
| *大鲵 | *Andrias davidianus* | 二级 | 仅限野外种群 |
| 蝾螈科 | Salamandridae | | |
| *潮汕蝾螈 | *Cynops orphicus* | 二级 | |
| *大凉螈 | *Liangshantriton taliangensis* | 二级 | 原名"大凉疣螈" |
| *贵州疣螈 | *Tylototriton kweichowensis* | 二级 | |
| *川南疣螈 | *Tylototriton pseudoverrucosus* | 二级 | |
| *丽色疣螈 | *Tylototriton pulcherrima* | 二级 | |
| *红瘰疣螈 | *Tylototriton shanjing* | 二级 | |
| *棕黑疣螈 | *Tylototriton verrucosus* | 二级 | 原名"细瘰疣螈" |
| *滇南疣螈 | *Tylototriton yangi* | 二级 | |
| *安徽瑶螈 | *Yaotriton anhuiensis* | 二级 | |
| *细痣瑶螈 | *Yaotriton asperrimus* | 二级 | 原名"细痣疣螈" |
| *宽脊瑶螈 | *Yaotriton broadoridgus* | 二级 | |
| *大别瑶螈 | *Yaotriton dabienicus* | 二级 | |
| *海南瑶螈 | *Yaotriton hainanensis* | 二级 | |
| *浏阳瑶螈 | *Yaotriton liuyangensis* | 二级 | |

（续表）

| 中文名 | 学名 | 保护级别 | 备注 |
|---|---|---|---|
| *莽山瑶螈 | *Yaotriton lizhenchangi* | 二级 | |
| *文县瑶螈 | *Yaotriton wenxianensis* | 二级 | |
| *蔡氏瑶螈 | *Yaotriton ziegleri* | 二级 | |
| *镇海棘螈 | *Echinotriton chinhaiensis* | 一级 | 原名"镇海疣螈" |
| *琉球棘螈 | *Echinotriton andersoni* | 二级 | |
| *高山棘螈 | *Echinotriton maxiquadratus* | 二级 | |
| *橙脊瘰螈 | *Paramesotriton aurantius* | 二级 | |
| *尾斑瘰螈 | *Paramesotriton caudopunctatus* | 二级 | |
| *中国瘰螈 | *Paramesotriton chinensis* | 二级 | |
| *越南瘰螈 | *Paramesotriton deloustali* | 二级 | |
| *富钟瘰螈 | *Paramesotriton fuzhongensis* | 二级 | |
| *广西瘰螈 | *Paramesotriton guangxiensis* | 二级 | |
| *香港瘰螈 | *Paramesotriton hongkongensis* | 二级 | |
| *无斑瘰螈 | *Paramesotriton labiatus* | 二级 | |
| *龙里瘰螈 | *Paramesotriton longliensis* | 二级 | |
| *茂兰瘰螈 | *Paramesotriton maolanensis* | 二级 | |
| *七溪岭瘰螈 | *Paramesotriton qixilingensis* | 二级 | |
| *武陵瘰螈 | *Paramesotriton wulingensis* | 二级 | |
| *云雾瘰螈 | *Paramesotriton yunwuensis* | 二级 | |
| *织金瘰螈 | *Paramesotriton zhijinensis* | 二级 | |
| **无尾目** | **ANURA** | | |
| 角蟾科 | Megophryidae | | |
| 抱龙角蟾 | *Boulenophrys baolongensis* | 二级 | |
| 凉北齿蟾 | *Oreolalax liangbeiensis* | 二级 | |
| 金顶齿突蟾 | *Scutiger chintingensis* | 二级 | |

(续表)

| 中文名 | 学　名 | 保护级别 | 备　注 |
|---|---|---|---|
| 九龙齿突蟾 | *Scutiger jiulongensis* | 二级 | |
| 木里齿突蟾 | *Scutiger muliensis* | 二级 | |
| 宁陕齿突蟾 | *Scutiger ningshanensis* | 二级 | |
| 平武齿突蟾 | *Scutiger pingwuensis* | 二级 | |
| 哀牢髭蟾 | *Vibrissaphora ailaonica* | 二级 | |
| 峨眉髭蟾 | *Vibrissaphora boringii* | 二级 | |
| 雷山髭蟾 | *Vibrissaphora leishanensis* | 二级 | |
| 原髭蟾 | *Vibrissaphora promustache* | 二级 | |
| 南澳岛角蟾 | *Xenophrys insularis* | 二级 | |
| 水城角蟾 | *Xenophrys shuichengensis* | 二级 | |
| **蟾蜍科** | **Bufonidae** | | |
| 史氏蟾蜍 | *Bufo stejnegeri* | 二级 | |
| 鳞皮小蟾 | *Parapelophryne scalpta* | 二级 | |
| 乐东蟾蜍 | *Qiongbufo ledongensis* | 二级 | |
| 无棘溪蟾 | *Bufo aspinius* | 二级 | |
| **叉舌蛙科** | **Dicroglossidae** | | |
| *虎纹蛙 | *Hoplobatrachus chinensis* | 二级 | 仅限野外种群 |
| *脆皮大头蛙 | *Limnonectes fragilis* | 二级 | |
| *叶氏肛刺蛙 | *Yerana yei* | 二级 | |
| **蛙科** | **Ranidae** | | |
| *海南湍蛙 | *Amolops hainanensis* | 二级 | |
| *香港湍蛙 | *Amolops hongkongensis* | 二级 | |
| *小腺蛙 | *Glandirana minima* | 二级 | |
| *务川臭蛙 | *Odorrana wuchuanensis* | 二级 | |
| **树蛙科** | **Rhacophoridae** | | |

（续表）

| 中文名 | 学　名 | 保护级别 | 备　注 |
|---|---|---|---|
| 巫溪树蛙 | *Rhacophorus hongchibaensis* | 二级 | |
| 老山树蛙 | *Rhacophorus laoshan* | 二级 | |
| 罗默刘树蛙 | *Liuixalus romeri* | 二级 | |
| 洪佛树蛙 | *Rhacophorus hungfuensis* | 二级 | |
| \multicolumn{4}{c}{文昌鱼纲 AMPHIOXI} | | | |
| 文昌鱼目 | **AMPHIOXIFORMES** | | |
| 文昌鱼科 # | Branchiostomatidae | | |
| *厦门文昌鱼 | *Branchiostoma belcheri* | 二级 | 仅限野外种群。原名"文昌鱼"。 |
| *青岛文昌鱼 | *Branchiostoma tsingdauense* | 二级 | 仅限野外种群 |
| \multicolumn{4}{c}{圆口纲 CYCLOSTOMATA} | | | |
| 七鳃鳗目 | **PETROMYZONTIFORMES** | | |
| 七鳃鳗科 # | Petromyzontidae | | |
| *日本七鳃鳗 | *Lampetra japonica* | 二级 | |
| *东北七鳃鳗 | *Lampetra morii* | 二级 | |
| *雷氏七鳃鳗 | *Lampetra reissneri* | 二级 | |
| \multicolumn{4}{c}{软骨鱼纲 CHONDRICHTHYES} | | | |
| 鼠鲨目 | **LAMNIFORMES** | | |
| 姥鲨科 | Cetorhinidae | | |
| *姥鲨 | *Cetorhinus maximus* | 二级 | |
| 鼠鲨科 | Lamnidae | | |
| *噬人鲨 | *Carcharodon carcharias* | 二级 | |
| 须鲨目 | **ORECTOLOBIFORMES** | | |
| 鲸鲨科 | Rhincodontidae | | |
| *鲸鲨 | *Rhincodon typus* | 二级 | |

(续表)

| 中文名 | 学　名 | 保护级别 | 备　注 |
|---|---|---|---|
| 鲼目 | **MYLIOBATIFORMES** | | |
| 　魟科 | Dasyatidae | | |
| 　　*黄魟 | *Dasyatis bennettii* | 二级 | 仅限陆封种群 |
| | **硬骨鱼纲 OSTEICHTHYES** | | |
| 鲟形目# | **ACIPENSERIFORMES** | | |
| 　鲟科 | Acipenseridae | | |
| 　　*中华鲟 | *Acipenser sinensis* | 一级 | |
| 　　*长江鲟 | *Acipenser dabryanus* | 一级 | 原名"达氏鲟" |
| 　　*鳇 | *Huso dauricus* | 一级 | 仅限野外种群 |
| 　　*西伯利亚鲟 | *Acipenser baerii* | 二级 | 仅限野外种群 |
| 　　*裸腹鲟 | *Acipenser nudiventris* | 二级 | 仅限野外种群 |
| 　　*小体鲟 | *Acipenser ruthenus* | 二级 | 仅限野外种群 |
| 　　*施氏鲟 | *Acipenser schrenckii* | 二级 | 仅限野外种群 |
| 　匙吻鲟科 | Polyodontidae | | |
| 　　*白鲟 | *Psephurus gladius* | 一级 | |
| 鳗鲡目 | **ANGUILLIFORMES** | | |
| 　鳗鲡科 | Anguillidae | | |
| 　　*花鳗鲡 | *Anguilla marmorata* | 二级 | |
| 鲱形目 | **CLUPEIFORMES** | | |
| 　鲱科 | Clupeidae | | |
| 　　*鲥 | *Tenualosa reevesii* | 一级 | |
| 鲤形目 | **CYPRINIFORMES** | | |
| 　双孔鱼科 | Gyrinocheilidae | | |
| 　　*双孔鱼 | *Gyrinocheilus aymonieri* | 二级 | 仅限野外种群 |
| 　裸吻鱼科 | Psilorhynchidae | | |

（续表）

| 中文名 | 学　名 | 保护级别 | 备　注 |
|---|---|---|---|
| *平鳍裸吻鱼 | *Psilorhynchus homaloptera* | 二级 | |
| **亚口鱼科** | **Catostomidae** | | 原名"胭脂鱼科" |
| *胭脂鱼 | *Myxocyprinus asiaticus* | 二级 | 仅限野外种群 |
| **鲤科** | **Cyprinidae** | | |
| *唐鱼 | *Tanichthys albonubes* | 二级 | 仅限野外种群 |
| *稀有鮈鲫 | *Gobiocypris rarus* | 二级 | 仅限野外种群 |
| *鯮 | *Luciobrama macrocephalus* | 二级 | |
| *多鳞白鱼 | *Anabarilius polylepis* | 二级 | |
| *山白鱼 | *Anabarilius transmontanus* | 二级 | |
| *北方铜鱼 | *Coreius septentrionalis* | 一级 | |
| *圆口铜鱼 | *Coreius guichenoti* | 二级 | 仅限野外种群 |
| *大鼻吻鮈 | *Rhinogobio nasutus* | 二级 | |
| *长鳍吻鮈 | *Rhinogobio ventralis* | 二级 | |
| *平鳍鳅鮀 | *Gobiobotia homalopteroidea* | 二级 | |
| *单纹似鱤 | *Luciocyprinus langsoni* | 二级 | |
| *金线鲃属所有种 | *Sinocyclocheilus* spp. | 二级 | |
| *四川白甲鱼 | *Onychostoma angustistomata* | 二级 | |
| *多鳞白甲鱼 | *Onychostoma macrolepis* | 二级 | 仅限野外种群 |
| *金沙鲈鲤 | *Percocypris pingi* | 二级 | 仅限野外种群 |
| *花鲈鲤 | *Percocypris regani* | 二级 | 仅限野外种群 |
| *后背鲈鲤 | *Percocypris retrodorslis* | 二级 | 仅限野外种群 |
| *张氏鲈鲤 | *Percocypris tchangi* | 二级 | 仅限野外种群 |
| *裸腹盲鲃 | *Typhlobarbus nudiventris* | 二级 | |
| *角鱼 | *Akrokolioplax bicornis* | 二级 | |
| *骨唇黄河鱼 | *Chuanchia labiosa* | 二级 | |

(续表)

| 中文名 | 学　名 | 保护级别 | 备　注 |
|---|---|---|---|
| *极边扁咽齿鱼 | *Platypharodon extremus* | 二级 | 仅限野外种群 |
| *细鳞裂腹鱼 | *Schizothorax chongi* | 二级 | 仅限野外种群 |
| *巨须裂腹鱼 | *Schizothorax macropogon* | 二级 | |
| *重口裂腹鱼 | *Schizothorax davidi* | 二级 | 仅限野外种群 |
| *拉萨裂腹鱼 | *Schizothorax waltoni* | 二级 | 仅限野外种群 |
| *塔里木裂腹鱼 | *Schizothorax biddulphi* | 二级 | 仅限野外种群 |
| *大理裂腹鱼 | *Schizothorax taliensis* | 二级 | 仅限野外种群 |
| *扁吻鱼 | *Aspiorhynchus laticeps* | 一级 | 原名"新疆大头鱼" |
| *厚唇裸重唇鱼 | *Gymnodiptychus pachycheilus* | 二级 | 仅限野外种群 |
| *斑重唇鱼 | *Diptychus maculatus* | 二级 | |
| *尖裸鲤 | *Oxygymnocypris stewartii* | 二级 | 仅限野外种群 |
| *大头鲤 | *Cyprinus pellegrini* | 二级 | 仅限野外种群 |
| *小鲤 | *Cyprinus micristius* | 二级 | |
| *抚仙鲤 | *Cyprinus fuxianensis* | 二级 | |
| *岩原鲤 | *Procypris rabaudi* | 二级 | 仅限野外种群 |
| *乌原鲤 | *Procypris merus* | 二级 | |
| *大鳞鲢 | *Hypophthalmichthys harmandi* | 二级 | |
| 鳅科 | Cobitidae | | |
| *红唇薄鳅 | *Leptobotia rubrilabris* | 二级 | 仅限野外种群 |
| *黄线薄鳅 | *Leptobotia flavolineata* | 二级 | |
| *长薄鳅 | *Leptobotia elongata* | 二级 | 仅限野外种群 |
| 条鳅科 | Nemacheilidae | | |
| *无眼岭鳅 | *Oreonectes anophthalmus* | 二级 | |
| *拟鲇高原鳅 | *Triplophysa siluroides* | 二级 | 仅限野外种群 |
| *湘西盲高原鳅 | *Triplophysa xiangxiensis* | 二级 | |

(续表)

| 中文名 | 学名 | 保护级别 | 备注 |
|---|---|---|---|
| *小头高原鳅 | *Triphophysa minuta* | 二级 | |
| **爬鳅科** | **Balitoridae** | | |
| *厚唇原吸鳅 | *Protomyzon pachychilus* | 二级 | |
| **鲇形目** | **SILURIFORMES** | | |
| **鲿科** | **Bagridae** | | |
| *斑鳠 | *Hemibagrus guttatus* | 二级 | 仅限野外种群 |
| **鲇科** | **Siluridae** | | |
| *昆明鲇 | *Silurus mento* | 二级 | |
| **𩷶科** | **Pangasiidae** | | |
| *长丝𩷶 | *Pangasius sanitwangsei* | 一级 | |
| **钝头鮠科** | **Amblycipitidae** | | |
| *金氏䱀 | *Liobagrus kingi* | 二级 | |
| **鮡科** | **Sisoridae** | | |
| *长丝黑鮡 | *Gagata dolichonema* | 二级 | |
| *青石爬鮡 | *Euchiloglanis davidi* | 二级 | |
| *黑斑原鮡 | *Glyptosternum maculatum* | 二级 | |
| *魾 | *Bagarius bagarius* | 二级 | |
| *红魾 | *Bagarius rutilus* | 二级 | |
| *巨魾 | *Bagarius yarrelli* | 二级 | |
| **鲑形目** | **SALMONIFORMES** | | |
| **鲑科** | **Salmonidae** | | |
| *细鳞鲑属所有种 | *Brachymystax* spp. | 二级 | 仅限野外种群 |
| *川陕哲罗鲑 | *Hucho bleekeri* | 一级 | |
| *哲罗鲑 | *Hucho taimen* | 二级 | 仅限野外种群 |
| *石川氏哲罗鲑 | *Hucho ishikawai* | 二级 | |

(续表)

| 中文名 | 学名 | 保护级别 | 备注 |
|---|---|---|---|
| *花羔红点鲑 | Salvelinus malma | 二级 | 仅限野外种群 |
| *马苏大马哈鱼 | Oncorhynchus masou | 二级 | |
| *北鲑 | Stenodus leucichthys | 二级 | |
| *北极茴鱼 | Thymallus arcticus | 二级 | 仅限野外种群 |
| *下游黑龙江茴鱼 | Thymallus tugarinae | 二级 | 仅限野外种群 |
| *鸭绿江茴鱼 | Thymallus yaluensis | 二级 | 仅限野外种群 |
| 海龙鱼目 | SYNGNATHIFORMES | | |
| 海龙鱼科 | Syngnathidae | | |
| *海马属所有种 | Hippocampus spp. | 二级 | 仅限野外种群 |
| 鲈形目 | PERCIFORMES | | |
| 石首鱼科 | Sciaenidae | | |
| *黄唇鱼 | Bahaba taipingensis | 一级 | |
| 隆头鱼科 | Labridae | | |
| *波纹唇鱼 | Cheilinus undulatus | 二级 | 仅限野外种群 |
| 鲉形目 | SCORPAENIFORMES | | |
| 杜父鱼科 | Cottidae | | |
| *松江鲈 | Trachidermus fasciatus | 二级 | 仅限野外种群。原名"松江鲈鱼" |
| | 半索动物门 HEMICHORDATA | | |
| | 肠鳃纲 ENTEROPNEUSTA | | |
| 柱头虫目 | BALANOGLOSSIDA | | |
| 殖翼柱头虫科 | Ptychoderidae | | |
| *多鳃孔舌形虫 | Glossobalanus polybranchioporus | 一级 | |
| *三崎柱头虫 | Balanoglossus misakiensis | 二级 | |

(续表)

| 中文名 | 学名 | 保护级别 | 备注 |
|---|---|---|---|
| *短殖舌形虫 | *Glossobalanus mortenseni* | 二级 | |
| *肉质柱头虫 | *Balanoglossus carnosus* | 二级 | |
| *黄殖翼柱头虫 | *Ptychodera flava* | 二级 | |
| 史氏柱头虫科 | Spengeliidae | | |
| *青岛橡头虫 | *Glandiceps qingdaoensis* | 二级 | |
| 玉钩虫科 | Harrimaniidae | | |
| *黄岛长吻虫 | *Saccoglossus hwangtauensis* | 一级 | |
| 节肢动物门 ARTHROPODA | | | |
| 昆虫纲 INSECTA | | | |
| 双尾目 | DIPLURA | | |
| 铗䖴科 | Japygidae | | |
| 伟铗䖴 | *Atlasjapyx atlas* | 二级 | |
| 䗛目 | PHASMATODEA | | |
| 叶䗛科 # | Phyllidae | | |
| 丽叶䗛 | *Phyllium pulchrifolium* | 二级 | |
| 中华叶䗛 | *Phyllium sinensis* | 二级 | |
| 泛叶䗛 | *Phyllium celebicum* | 二级 | |
| 翔叶䗛 | *Phyllium westwoodi* | 二级 | |
| 东方叶䗛 | *Phyllium siccifolium* | 二级 | |
| 独龙叶䗛 | *Phyllium drunganum* | 二级 | |
| 同叶䗛 | *Phyllium parum* | 二级 | |
| 滇叶䗛 | *Phyllium yunnanense* | 二级 | |
| 藏叶䗛 | *Phyllium tibetense* | 二级 | |
| 珍叶䗛 | *Phyllium rarum* | 二级 | |
| 蜻蜓目 | ODONATA | | |

(续表)

| 中文名 | 学 名 | 保护级别 | 备 注 |
|---|---|---|---|
| 箭蜓科 | Gomphidae | | |
| 扭尾曦春蜓 | *Heliogomphus retroflexus* | 二级 | 原名"尖板曦箭蜓" |
| 棘角蛇纹春蜓 | *Ophiogomphus spinicornis* | 二级 | 原名"宽纹北箭蜓" |
| **缺翅目** | **ZORAPTERA** | | |
| 缺翅虫科 | Zorotypidae | | |
| 中华缺翅虫 | *Zorotypus sinensis* | 二级 | |
| 墨脱缺翅虫 | *Zorotypus medoensis* | 二级 | |
| **蛩蠊目** | **GRYLLOBLATTODAE** | | |
| 蛩蠊科 | Grylloblattidae | | |
| 中华蛩蠊 | *Galloisiana sinensis* | 一级 | |
| 陈氏西蛩蠊 | *Grylloblattella cheni* | 一级 | |
| **脉翅目** | **NEUROPTERA** | | |
| 旌蛉科 | Nemopteridae | | |
| 中华旌蛉 | *Nemopistha sinica* | 二级 | |
| **鞘翅目** | **COLEOPTERA** | | |
| 步甲科 | Carabidae | | |
| 拉步甲 | *Carabus lafossei* | 二级 | |
| 细胸大步甲 | *Carabus osawai* | 二级 | |
| 巫山大步甲 | *Carabus ishizukai* | 二级 | |
| 库班大步甲 | *Carabus kubani* | 二级 | |
| 桂北大步甲 | *Carabus guibeicus* | 二级 | |
| 贞大步甲 | *Carabus penelope* | 二级 | |
| 蓝鞘大步甲 | *Carabus cyaneogigas* | 二级 | |
| 滇川大步甲 | *Carabus yunanensis* | 二级 | |

(续表)

| 中文名 | 学名 | 保护级别 | 备注 |
|---|---|---|---|
| 硕步甲 | *Carabus davidi* | 二级 | |
| **两栖甲科** | Amphizoidae | | |
| 中华两栖甲 | *Amphizoa sinica* | 二级 | |
| **长阎甲科** | Synteliidae | | |
| 中华长阎甲 | *Syntelia sinica* | 二级 | |
| 大卫长阎甲 | *Syntelia davidis* | 二级 | |
| 玛氏长阎甲 | *Syntelia mazuri* | 二级 | |
| **臂金龟科** | Euchiridae | | |
| 戴氏棕臂金龟 | *Propomacrus davidi* | 二级 | |
| 玛氏棕臂金龟 | *Propomacrus muramotoae* | 二级 | |
| 越南臂金龟 | *Cheirotonus battareli* | 二级 | |
| 福氏彩臂金龟 | *Cheirotonus fujiokai* | 二级 | |
| 格彩臂金龟 | *Cheirotonus gestroi* | 二级 | |
| 台湾长臂金龟 | *Cheirotonus formosanus* | 二级 | |
| 阳彩臂金龟 | *Cheirotonus jansoni* | 二级 | |
| 印度长臂金龟 | *Cheirotonus macleayii* | 二级 | |
| 昭沼氏长臂金龟 | *Cheirotonus terunumai* | 二级 | |
| **金龟科** | Scarabaeidae | | |
| 艾氏泽蜣螂 | *Scarabaeus erichsoni* | 二级 | |
| 拜氏蜣螂 | *Scarabaeus babori* | 二级 | |
| 悍马巨蜣螂 | *Heliocopris bucephalus* | 二级 | |
| 上帝巨蜣螂 | *Heliocopris dominus* | 二级 | |
| 迈达斯巨蜣螂 | *Heliocopris midas* | 二级 | |
| **犀金龟科** | Dynastidae | | |
| 戴叉犀金龟 | *Trypoxylus davidis* | 二级 | 原名"叉犀金龟" |

（续表）

| 中文名 | 学　名 | 保护级别 | 备　注 |
|---|---|---|---|
| 粗尤犀金龟 | *Eupatorus hardwickii* | 二级 | |
| 细角尤犀金龟 | *Eupatorus gracilicomis* | 二级 | |
| 胫晓扁犀金龟 | *Eophileurus tetraspermexilus* | 二级 | |
| 锹甲科 | **Lucanidae** | | |
| 安达刀锹甲 | *Dorcus antaeus* | 二级 | |
| 巨叉深山锹甲 | *Lucanus hermani* | 二级 | |
| **鳞翅目** | **LEPIDOPTERA** | | |
| 凤蝶科 | **Papilionidae** | | |
| 喙凤蝶 | *Teinopalpus imperialism* | 二级 | |
| 金斑喙凤蝶 | *Teinopalpus aureus* | 一级 | |
| 裳凤蝶 | *Troides helena* | 二级 | |
| 金裳凤蝶 | *Troides aeacus* | 二级 | |
| 荧光裳凤蝶 | *Troides magellanus* | 二级 | |
| 鸟翼裳凤蝶 | *Troides amphrysus* | 二级 | |
| 珂裳凤蝶 | *Troides criton* | 二级 | |
| 楔纹裳凤蝶 | *Troides cuneifera* | 二级 | |
| 小斑裳凤蝶 | *Troides haliphron* | 二级 | |
| 多尾凤蝶 | *Bhutanitis lidderdalii* | 二级 | |
| 不丹尾凤蝶 | *Bhutanitis ludlowi* | 二级 | |
| 双尾凤蝶 | *Bhutanitis mansfieldi* | 二级 | |
| 玄裳尾凤蝶 | *Bhutanitis nigrilima* | 二级 | |
| 三尾凤蝶 | *Bhutanitis thaidina* | 二级 | |
| 玉龙尾凤蝶 | *Bhutanitis yulongensisn* | 二级 | |
| 丽斑尾凤蝶 | *Bhutanitis pulchristriata* | 二级 | |
| 锤尾凤蝶 | *Losaria coon* | 二级 | |

(续表)

| 中文名 | 学　名 | 保护级别 | 备　注 |
|---|---|---|---|
| 中华虎凤蝶 | *Luehdorfia chinensis* | 二级 | |
| 蛱蝶科 | Nymphalidae | | |
| 最美紫蛱蝶 | *Sasakia pulcherrima* | 二级 | |
| 黑紫蛱蝶 | *Sasakia funebris* | 二级 | |
| 绢蝶科 | Parnassidae | | |
| 阿波罗绢蝶 | *Parnassius apollo* | 二级 | |
| 君主绢蝶 | *Parnassius imperator* | 二级 | |
| 灰蝶科 | Lycaenidae | | |
| 大斑霾灰蝶 | *Maculinea arionides* | 二级 | |
| 秀山白灰蝶 | *Phengaris xiushani* | 二级 | |
| 蛛形纲 ARACHNIDA | | | |
| 蜘蛛目 | ARANEAE | | |
| 捕鸟蛛科 | Theraphosidae | | |
| 海南塞勒蛛 | *Cyriopagopus hainanus* | 二级 | |
| 肢口纲 MEROSTOMATA | | | |
| 剑尾目 | XIPHOSURA | | |
| 鲎科# | Tachypleidae | | |
| *中国鲎 | *Tachypleus tridentatus* | 二级 | |
| *圆尾蝎鲎 | *Carcinoscorpius rotundicauda* | 二级 | |
| 软甲纲 MALACOSTRACA | | | |
| 十足目 | DECAPODA | | |
| 龙虾科 | Palinuridae | | |
| *锦绣龙虾 | *Panulirus ornatus* | 二级 | 仅限野外种群 |
| 软体动物门 MOLLUSCA | | | |
| 双壳纲 BIVALVIA | | | |
| 珍珠贝目 | PTERIOIDA | | |
| 珍珠贝科 | Pteriidae | | |

（续表）

| 中文名 | 学　名 | 保护级别 | 备　注 |
|---|---|---|---|
| *大珠母贝 | *Pinctada maxima* | 二级 | 仅限野外种群 |
| **帘蛤目** | **VENEROIDA** | | |
| 砗磲科# | Tridacnidae | | |
| *大砗磲 | *Tridacna gigas* | 一级 | 原名"库氏砗磲" |
| *无鳞砗磲 | *Tridacna derasa* | 二级 | 仅限野外种群 |
| *鳞砗磲 | *Tridacna squamosa* | 二级 | 仅限野外种群 |
| *长砗磲 | *Tridacna maxima* | 二级 | 仅限野外种群 |
| *番红砗磲 | *Tridacna crocea* | 二级 | 仅限野外种群 |
| *砗蚝 | *Hippopus hippopus* | 二级 | 仅限野外种群 |
| **蚌目** | **UNIONIDA** | | |
| 珍珠蚌科 | Margaritanidae | | |
| *珠母珍珠蚌 | *Margaritiana dahurica* | 二级 | 仅限野外种群 |
| 蚌科 | Unionidae | | |
| *佛耳丽蚌 | *Lamprolula mansuyi* | 二级 | |
| *绢丝丽蚌 | *Lamprotula fibrosa* | 二级 | |
| *背瘤丽蚌 | *Lamprotula leai* | 二级 | |
| *多瘤丽蚌 | *Lamprotula polysticta* | 二级 | |
| *刻裂丽蚌 | *Lamprotula scripta* | 二级 | |
| 截蛏科 | Solecurtidae | | |
| *中国淡水蛏 | *Novaculina chinensis* | 二级 | |
| *龙骨蛏蚌 | *Solenaia carinatus* | 二级 | |

## 头足纲 CEPHALOPODA

| **鹦鹉螺目** | **NAUTILIDA** | | |
|---|---|---|---|
| 鹦鹉螺科 | Nautilidae | | |
| *鹦鹉螺 | *Nautilus pompilius* | 一级 | |

（续表）

| 中文名 | 学　名 | 保护级别 | 备　注 |
|---|---|---|---|
| 腹足纲 GASTROPODA | | | |
| 田螺科 | Viviparidae | | |
| *螺蛳 | *Margarya melanioides* | 二级 | |
| 蝾螺科 | Turbinidae | | |
| *夜光蝾螺 | *Turbo marmoratus* | 二级 | |
| 宝贝科 | Cypraeidae | | |
| *虎斑宝贝 | *Cypraea tigris* | 二级 | |
| 冠螺科 | Cassididae | | |
| *唐冠螺 | *Cassis cornuta* | 二级 | 原名"冠螺" |
| 法螺科 | Charoniidae | | |
| *法螺 | *Charonia tritonis* | 二级 | |
| 刺胞动物门 CNIDARIA | | | |
| 珊瑚纲 ANTHOZOA | | | |
| 角珊瑚目 # | **ANTIPATHARIA** | | |
| *角珊瑚目所有种 | ANTIPATHARIA spp. | 二级 | |
| 石珊瑚目 # | **SCLERACTINIA** | | |
| *石珊瑚目所有种 | SCLERACTINIA spp. | 二级 | |
| 苍珊瑚目 | **HELIOPORACEA** | | |
| 苍珊瑚科 # | Helioporidae | | |
| *苍珊瑚科所有种 | Helioporidae spp. | 二级 | |
| 软珊瑚目 | **ALCYONACEA** | | |
| 笙珊瑚科 # | Tubiporidae | | |
| *笙珊瑚 | *Tubipora musica* | 二级 | |
| 红珊瑚科 # | Coralliidae | | |
| *红珊瑚科所有种 | Coralliidae spp. | 一级 | |

(续表)

| 中文名 | 学　名 | 保护级别 | 备注 |
|---|---|---|---|
| 竹节柳珊瑚科 | Isididae | | |
| *粗糙竹节柳珊瑚 | *Isis hippuris* | 二级 | |
| *细枝竹节柳珊瑚 | *Isis minorbrachyblasta* | 二级 | |
| *网枝竹节柳珊瑚 | *Isis reticulata* | 二级 | |
| 水螅纲 HYDROZOA | | | |
| 花裸螅目 | **ANTHOATHECATA** | | |
| 多孔螅科# | Milleporidae | | |
| *分叉多孔螅 | *Millepora dichotoma* | 二级 | |
| *节块多孔螅 | *Millepora exaesa* | 二级 | |
| *窝形多孔螅 | *Millepora foveolata* | 二级 | |
| *错综多孔螅 | *Millepora intricata* | 二级 | |
| *阔叶多孔螅 | *Millepora latifolia* | 二级 | |
| *扁叶多孔螅 | *Millepora platyphylla* | 二级 | |
| *娇嫩多孔螅 | *Millepora tenera* | 二级 | |
| 柱星螅科# | Stylasteridae | | |
| *无序双孔螅 | *Distichopora irregularis* | 二级 | |
| *紫色双孔螅 | *Distichopora violacea* | 二级 | |
| *佳丽刺柱螅 | *Errina dabneyi* | 二级 | |
| *扇形柱星螅 | *Stylaster flabelliformis* | 二级 | |
| *细巧柱星螅 | *Stylaster gracilis* | 二级 | |
| *佳丽柱星螅 | *Stylaster pulcher* | 二级 | |
| *艳红柱星螅 | *Stylaster sanguineus* | 二级 | |
| *粗糙柱星螅 | *Stylaster scabiosus* | 二级 | |

图书在版编目(CIP)数据

中国保护动物2 / 华惠伦,王义炯编著. —上海：上海科学普及出版社,2022.12
(中国保护动植物丛书 / 杨雄里主编)
ISBN 978-7-5427-8288-5

Ⅰ.①中… Ⅱ.①华…②王… Ⅲ.①野生动物—动物保护—中国 Ⅳ.①S863

中国版本图书馆CIP数据核字(2022)第162081号

| | |
|---|---|
| 策划统筹 | 胡名正　蒋惠雍 |
| 责任编辑 | 何中辰　柴日奕 |
| 助理编辑 | 郝梓涵 |
| 图片提供 | 何　鑫　杨珏青 |
| | 陈星星　周祖贻 |
| | 王　慧 |
| 装帧设计 | 姜　明　周艳梅 |

中国保护动物2

华惠伦　王义炯　编著

上海科学普及出版社出版发行

(上海中山北路832号　邮政编码200070)

http://www.pspsh.com

各地新华书店经销　上海丽佳制版印刷有限公司印刷
开本 710×1000　1/16　印张 20.25　字数 360 000
2022年12月第1版　2022年12月第1次印刷

ISBN 978-7-5427-8288-5
定价：168.00元

本书如有缺页、错装或坏损等严重质量问题
请向工厂联系调换
联系电话：021-64855582